工伤预防知识学习手册丛书

工伤预防：
基本知识学习手册

主　编◎宋轩宇　吴韶辉　佟瑞鹏
副主编◎李慕晨　未宗帅

中国劳动社会保障出版社

图书在版编目（CIP）数据

工伤预防. 基本知识学习手册 / 宋轩宇，吴韶辉，佟瑞鹏主编. -- 北京：中国劳动社会保障出版社，2025. --（工伤预防知识学习手册丛书）. -- ISBN 978-7-5167-7076-4

Ⅰ. X928.03-62

中国国家版本馆 CIP 数据核字第 2025WT4084 号

工伤预防：基本知识学习手册
GONGSHANG YUFANG: JIBEN ZHISHI XUEXI SHOUCE

中国劳动社会保障出版社出版发行
（北京市惠新东街 1 号　邮政编码：100029）

*

天津市银博印刷集团有限公司印刷装订　　新华书店经销
880 毫米 × 1230 毫米　32 开本　3.625 印张　79 千字
2025 年 6 月第 1 版　2025 年 6 月第 1 次印刷
定价：16.00 元

营销中心电话：400-606-6496
出版社网址：https://www.class.com.cn

版权专有　　侵权必究

如有印装差错，请与本社联系调换：（010）81211666
我社将与版权执法机关配合，大力打击盗印、销售和使用盗版图书活动，敬请广大读者协助举报，经查实将给予举报者奖励。
举报电话：（010）64954652

"工伤预防知识学习手册丛书"编委会

主　任：佟瑞鹏
副主任：张姜博南　李宝昌
委　员：孙　浩　　张渤苓　　王露露　　王乐瑶　　张东许　　赵　旭
　　　　孙宁昊　　和杰花　　李佳航　　胡向阳　　王　乾　　梁梵洁
　　　　李　鑫　　王楚涵　　赵云昊　　宋轩宇　　王登辉　　姚泽旭
　　　　尹雪晨　　郭　钰　　孙鹏依　　韩吉祥　　张晓磊　　孟子尧
　　　　刘贤鹏　　柴文浩　　李慕晨　　未宗帅　　毛　颖　　王益艳
　　　　赵晶荣　　董国宇　　杨昂滨　　武　琪　　李佳琦　　张笑璇
　　　　连芳菲　　王智浩　　吴韶辉　　李聪聪　　李昕阳　　张培森
　　　　张智慧　　邓盈祺　　郝彬鑫　　芦佳乐　　尼玛平措
　　　　皮芙萍

内容简介
INTRODUCTION

工伤预防是预防、补偿、康复"三位一体"工伤保险制度体系的重要组成部分，是工伤保险工作的优先事项。各级相关管理部门和用人单位应当依法坚持采取一切适当的手段组织推进工伤预防工作，做好工伤预防宣传和培训，切实提升工伤预防意识和能力，降低工伤事故和职业病的发生率，促进经济社会持续健康发展。

本书是"工伤预防知识学习手册丛书"之一，全面系统地介绍工伤保险和工伤预防基础知识，梳理工伤事故预防及职业病相关基本概念，以法律法规、规章制度以及重要国家标准为依据，重点介绍工伤事故与职业病预防基本知识，以及常见工伤事故现场意外伤害的应急处置与急救方法等内容。

本书内容精简实用，典型性、通用性强，文字表述浅显易懂，版式活泼，搭配原创漫画配图，以便于对重要知识的理解与掌握。本书适合在工伤保险集中宣传活动中进行基础知识普及，适合各级工伤保险主管部门、各类用人单位开展工伤预防宣传和培训使用，适用于广大职工群众提升工伤预防意识、了解工伤保险与安全生产知识。

目录
CONTENTS

第 1 章 工伤保险和工伤预防 /1
1. 工伤保险的定义与特点 /1
2. 工伤保险的重要意义与原则 /3
3. 我国工伤保险制度发展历程 /5
4. 工伤保险基金与参保缴费 /7
5. 工伤认定 /8
6. 劳动能力鉴定 /12
7. 工伤保险待遇 /13
8. 工伤预防的概念与作用 /15
9. 职工工伤保险和工伤预防的权利和义务 /17
10. 工伤预防管理模式 /19

第 2 章 工伤事故预防 /21
11. 安全生产规章制度和安全操作规程 /21
12. 安全生产教育和培训 /24
13. 不安全行为与不安全心理 /26
14. 安全生产检查 /29
15. 安全色与安全标志 /34

16. 劳动防护用品 /37

17. 触电伤害事故预防 /41

18. 机械伤害事故预防 /45

19. 物体打击伤害事故预防 /49

20. 坍塌伤害事故预防 /51

21. 火灾、爆炸伤害事故预防 /53

22. 危险化学品伤害事故预防 /55

23. 井下作业伤害事故预防 /57

24. 特种作业伤害事故预防 /60

25. 道路交通伤害事故预防 /63

第 3 章　职业病预防 /65

26. 职业病及其分类 /65

27. 职业病防治的权利与义务 /66

28. 常见职业病危害因素防治 /68

29. 职业健康监护 /75

30. 劳动防护用品配备与使用 /77

第 4 章　工伤事故应急处置 /81

31. 工伤事故伤害和职业病就医原则 /81

32. 事故现场的紧急处理原则 /83

33. 心肺复苏操作步骤与注意事项 /85

34. 止血与包扎 /88

35. 骨折现场紧急处置 /91

36. 伤员搬运要领 /92

37. 触电事故应急处置 /93

38. 车辆伤害事故应急处置 /94

39. 溺水事故应急处置 /95

40. 中毒窒息事故应急处置 /96

41. 烧伤事故应急处置 /98

42. 眼部伤害事故应急处置 /102

43. 高处坠落事故应急处置 /103

44. 中暑应急处置 /105

45. 食物中毒应急处置 /107

第1章 工伤保险和工伤预防

1. 工伤保险的定义与特点

（1）工伤保险的定义

工伤保险是指国家立法实施的，通过用人单位缴费筹资形成基金，对职工因工作原因遭受事故伤害或者患职业病的，给予职工及其近亲属相应待遇的一项社会保险制度。

（2）工伤保险的特点

工伤保险具有四个基本特点：一是强制性。工伤保险是国家通过立法强制执行的，在立法规定的范围内，用人单位必须参加工伤保险，为职工缴纳工伤保险费。二是非营利性。国家实行工伤保险制度的目的是保障工伤职工获得医疗救治和经济补偿，促进工伤预防和职业康复，分散用人单位的工伤风险，工伤保险的相关服务不以营利为目的。三是保障性。工伤保险为工伤职工及其近亲属提供基本生活保障和医疗康复待遇。四是互助互济性。通过法定程序筹集工伤保险基金,实现不同群体、地域和行业间的风险共担和基本调剂。

法律提示

《工伤保险条例》于2003年4月27日经中华人民共和国国务院令第375号颁布,根据2010年12月20日《国务院关于修改〈工伤保险条例〉的决定》修订,自2004年1月1日起施行。

现行《工伤保险条例》共8章67条,基本结构:第一章总则,第二章工伤保险基金,第三章工伤认定,第四章劳动能力鉴定,第五章工伤保险待遇,第六章监督管理,第七章法律责任,第八章附则。

2. 工伤保险的重要意义与原则

（1）工伤保险的重要意义

《工伤保险条例》的立法宗旨：保障因工作遭受事故伤害或者患职业病的职工获得医疗救治和经济补偿，促进工伤预防和职业康复，分散用人单位的工伤风险。这体现了国家设立工伤保险制度的重要意义。

（2）工伤保险的原则

1）强制性原则。工伤会给职工带来痛苦，给家庭带来不幸，也于用人单位乃至国家不利，因此国家通过立法强制实施工伤保险制度，规定覆盖范围内的用人单位必须依法参加工伤保险并履行缴费义务。

2）无过错补偿原则。工伤事故发生后，不管过错在谁，工伤职工均可获得补偿，以保障其及时获得医疗救治和基本生活保障。但这并不妨碍有关部门对事故责任人的追究，以防止类似事故重复发生。

3）职工个人不缴费原则。这是工伤保险与基本养老保险、基本医疗保险、失业保险等社会保险项目的区别之处。劳动力是生产的重要因素，职工为用人单位创造财富的同时，因工作遭受事故伤害或患职业病，理应由用人单位负担全部工伤保险费，职工个人不缴纳任何费用。

4）风险分担、互助互济原则。通过法律强制征收工伤保险费，建立工伤保险基金，采取互助互济的方法，分散风险，减轻部分企业、行业因工伤事故或职业病所产生的负担。

5）实行行业差别费率和浮动费率原则。为强化不同工伤风险类别行业相对应的雇主责任，充分发挥缴费费率的经济杠杆作用，促进工伤预防，减少工伤事故，工伤保险实行行业差别费率，并根据用人单位工伤保险支缴率和工伤事故发生率等因素实行浮动费率。

6）预防、补偿、康复相结合原则。工伤预防、工伤补偿与工伤康复三者是密切相关的，构成了工伤保险制度的三个支柱。工伤预防是工伤保险制度的重要内容，工伤保险制度致力于采取各种措施，减少和预防事故。工伤事故发生后，及时对工伤职工予以治疗并给予经济补偿，使工伤职工本人及其家庭的生活得到一定的保障，是工伤保险制度的基本功能。同时，要及时对工伤职工进行医学康复和职业康复，使其恢复或部分恢复劳动能力，具备从事某种职业的能力，这可以减少人力资源和社会资源的浪费。

7）一次性补偿与长期补偿相结合原则。对工伤职工或工亡职工的近亲属，工伤保险待遇实行一次性补偿与长期补偿相结合的办法。例如，对一级至四级伤残的职工，在依法支付一次性伤残补助金的同时，还按月支付伤残津贴。

Tips 相关链接

根据《工伤保险条例》第二条的规定，中华人民共和国境内的企业、事业单位、社会团体、民办非企业单位、基金会、律师事务所、会计师事务所等组织和有雇工的个体工商户（以下简称用人单位）应当依照规定参加工伤保险，为本单位全部职工或者雇工（以下简称职工）缴纳工伤保险费。中华人民共和国境内的企业、事业单位、社会团体、民办非企业单位、基金会、律师事务所、会计师事务所等组织的职工和个体工商户的雇工，均有依照规定享受工伤保险待遇的权利。

3. 我国工伤保险制度发展历程

（1）计划经济时期工伤补偿制度的建立和实施

1951年，中央人民政府政务院颁布了《中华人民共和国劳动保险条例》，这是我国第一部包括养老待遇、因工负伤待遇等保险项目在内的全国性统一法规，也是社会保障制度在我国实施的起点。该条例对劳动保险的实施范围，保险费的征集、管理和支付，保险的项目和标准，以及保险业务的执行和监督都作出了明确规定。

劳动保险制度中的因工负伤待遇制度，结束了我国缺乏完整统一的工伤保障制度的历史，通过实行部分基金统筹的方式，为计划经济时期大规模的建设提供了工伤保障制度，保障了这一时期工伤职工及其家属的基本生活，具有分散工伤风险、促进经济建设的积极意义。

（2）改革开放时期工伤保险制度的改革探索和实践

我国工伤保险制度改革始于20世纪80年代。1988年，劳动部主持制定了社会保险制度改革方案，选择了社会保险作为我国工伤保险的制度模式，初步形成了工伤保险制度改革框架，提出了工伤保险制度改革的主要内容。

在总结多年工伤保险改革试点经验和借鉴国外成熟做法的基础上，1996年8月12日，劳动部颁布了《企业职工工伤保险试行办法》，对工伤保险制度作了统一规定，对沿用至20世纪90年代初的企业自我保险的工伤保障制度进行了根本性改革。1996年3月，国家技术监督局发布《职工工伤与职业病致残程度鉴定》（GB/T 16180—1996）。

（3）适应市场经济体制的工伤保险制度形成

2003年，国务院颁布《工伤保险条例》，标志着适应我国社会主义市场经济体制的工伤保险制度正式形成。

《工伤保险条例》的颁布，在我国工伤保险制度建设进程中具有里程碑意义，标志着我国的工伤保险制度步入了法治化轨道，也预示着我国的工伤保险制度改革进入一个崭新的发展阶段。同时，《工伤保险条例》的出台，使工伤保险成为我国社会保障体系的重要组成部分，对于进一步完善我国的社会保障体系，维护我国经济和社会的健康稳定发展，以及加快推进我国社会保障法治化建设，无疑起到了重要的推动作用。

4. 工伤保险基金与参保缴费

（1）工伤保险基金

稳定充足的工伤保险基金是工伤保险制度顺利实施的保障。《社会保险术语 第5部分：工伤保险》（GB/T 31596.5—2015）中工伤保险基金的定义：按照法律规定，由用人单位缴纳的工伤保险费及其利息收入，以及其他依法纳入的资金汇集而成的，用于支付工伤保险待遇及其他相关支出的专项资金。

（2）工伤保险参保缴费

职工在为用人单位创造财富、为社会作出贡献的同时，也面临着安全和健康风险，因此，由用人单位缴纳工伤保险费是必要且合理的。

根据《工伤保险条例》第十条的规定，用人单位应当按时缴纳工伤保险费。职工个人不缴纳工伤保险费。用人单位缴纳工伤保险费的数额为本单位职工工资总额与单位缴费费率之积。对难以按照工资总额缴纳工伤保险费的行业，其缴纳工伤保险费的具体方式，由国务院社会保险行政部门规定。

> **相关链接**
>
> 目前,世界各国实行的工伤保险制度大体分为两种类型,即社会保险类型和雇主责任类型。
>
> 实行社会保险类型的国家约占实行工伤保险制度国家的2/3。工伤保险基金可以是一般社会保险基金的组成部分,也可以是单独的。在这些国家中,凡参加工伤保险的雇主,都必须向社会保险机构缴纳工伤保险费。
>
> 实行雇主责任类型的国家占少数,体现为雇主责任制。雇主责任制有两种方式:一是工伤职工或其亲属直接向雇主索赔;二是雇主为其雇员的工伤风险购买商业保险。雇主责任制下,由雇主承担缴费甚至赔偿责任,职工个人不缴费。

5. 工伤认定

(1) 各类工伤认定的情形

《工伤保险条例》第十四条至第十六条分别对应当认定为工伤的情形、视同工伤的情形、不得认定为工伤或者视同工伤的情形作出了明确规定。

1)职工有下列情形之一的,应当认定为工伤:

①在工作时间和工作场所内,因工作原因受到事故伤害的;

②工作时间前后在工作场所内,从事与工作有关的预备性或者收尾性工作受到事故伤害的;

③在工作时间和工作场所内,因履行工作职责受到暴力等意外伤

害的；

④患职业病的；

⑤因工外出期间，由于工作原因受到伤害或者发生事故下落不明的；

⑥在上下班途中，受到非本人主要责任的交通事故或者城市轨道交通、客运轮渡、火车事故伤害的；

⑦法律、行政法规规定应当认定为工伤的其他情形。

2）职工有下列情形之一的，视同工伤：

①在工作时间和工作岗位，突发疾病死亡或者在48 h之内经抢救无效死亡的；

②在抢险救灾等维护国家利益、公共利益活动中受到伤害的；

③职工原在军队服役，因战、因公负伤致残，已取得革命伤残军人证，到用人单位后旧伤复发的。

职工有前款第①项、第②项情形的，按照《工伤保险条例》的有关规定享受工伤保险待遇；职工有前款第③项情形的，按照《工伤保险条例》的有关规定享受除一次性伤残补助金以外的工伤保险待遇。

3）职工符合前述规定，但是有下列情形之一的，不得认定为工伤或者视同工伤：

①故意犯罪的；

②醉酒或者吸毒的；

③自残或者自杀的。

（2）工伤认定的主要流程

工伤认定的主要流程可以总结为发生工伤、提出工伤认定申请、备齐申请材料、社会保险行政部门受理、作出工伤认定5个环节，具体如下：

1）发生工伤。职工发生事故伤害或者被诊断、鉴定为职业病。

2）提出工伤认定申请。职工所在单位应当自事故伤害发生之日或者职工被诊断、鉴定为职业病之日起30日内，向统筹地区社会保险行政部门提出工伤认定申请。

用人单位未按规定提出工伤认定申请的，工伤职工或者其近亲属、工会组织在事故伤害发生之日或者被诊断、鉴定为职业病之日起1年内，可以直接向用人单位所在地统筹地区社会保险行政部门提出工伤认定申请。

3）备齐申请材料。提出工伤认定申请应当提交下列材料：

①工伤认定申请表；

②与用人单位存在劳动关系（包括事实劳动关系）的证明材料；

③医疗诊断证明或者职业病诊断证明书（或者职业病诊断鉴定书）。

工伤认定申请表应当包括事故发生的时间、地点、原因以及职工伤害程度等基本情况。

4）社会保险行政部门受理。申请材料完整，属于社会保险行政部门管辖范围且在受理时效内的，社会保险行政部门应当受理。申请材料不完整的，社会保险行政部门应当一次性书面告知工伤认定申请人需要补正的全部材料。

5）作出工伤认定。社会保险行政部门应当自受理工伤认定申请之日起60日内作出工伤认定的决定，并书面通知申请工伤认定的职工或者其近亲属和该职工所在单位。

第1章 工伤保险和工伤预防

案例解读

田某在某市铸造厂从事铸造工作。某日,车间主任派他到该厂其他车间拿工具。在返回工作岗位途中,田某被该厂建筑工地坠落的砖块砸伤头部,后被诊断为脑裂伤。出院后,田某向单位申请工伤保险待遇,但是单位认为他不是在本职岗位受伤,不能享受工伤保险待遇。田某遂向当地社会保险行政部门提出工伤认定申请。

当地社会保险行政部门经调查后认为:虽然田某的致伤地点不是本职岗位,但他是受领导(车间主任)指派离开本职岗位到其他车间拿工具的,故其受伤地点应属于工作场所。这一事故具有一般工伤事故应具备的"三工"要素,即在工作时间、工作地点,因工作原因而受伤。因此,当地社会保险行政部门认定田某为工伤,并依法要求单位按规定给予田某相应的工伤保险待遇。

6. 劳动能力鉴定

（1）劳动能力鉴定申请条件

工伤职工申请进行劳动能力鉴定应符合以下条件：一是经过治疗后，伤情处于相对稳定状态，这样便于劳动能力鉴定委员会聘请的医疗卫生专家对伤情进行鉴定；二是职工经治疗后，确认是工伤原因造成身体上的残疾；三是工伤职工的残疾对以后的工作、生活将产生直接影响，并且伤残程度已经影响职工本人的劳动能力。在这种情况下，工伤职工应当进行劳动能力鉴定。

（2）劳动能力鉴定主体

工伤职工（或者其近亲属）或者其用人单位应当及时向设区的市级劳动能力鉴定委员会提出劳动能力鉴定申请。

（3）劳动能力鉴定流程

申请劳动能力鉴定的主要流程可以总结为以下5个环节：

1）职工伤情基本稳定，进行劳动能力鉴定。职工发生工伤，经治疗伤情相对稳定后存在残疾、影响劳动能力的，或者停工留薪期满（含劳动能力鉴定委员会确认的延长期限）的，应依法进行劳动能力鉴定。劳动功能障碍分为10个伤残等级，最重的为一级，最轻的为十级。生活自理障碍分为3个等级，即生活完全不能自理、生活大部分不能自理和生活部分不能自理。

2）备齐材料，提出申请。申请劳动能力鉴定应当填写劳动能力鉴定申请表，并提交材料：有效的诊断证明，按照医疗机构病历管理有关规定复印或者复制的检查、检验报告等完整病历材料；工伤职工的居民身份证或者社会保障卡等其他有效身份证明原件。

3）接受申请，作出鉴定结论。劳动能力鉴定委员会应当自收到材料完整的劳动能力鉴定申请之日起60日内作出劳动能力鉴定结论。必要时，该期限可以延长30日。劳动能力鉴定结论应当及时送达申请鉴定的单位和个人。

4）对鉴定结论不服的，可申请再次鉴定。申请鉴定的单位或个人对初次鉴定结论不服的，可以在收到鉴定结论之日起15日内，向省、自治区、直辖市劳动能力鉴定委员会申请再次鉴定。省、自治区、直辖市劳动能力鉴定委员会作出的劳动能力鉴定结论为最终结论。

5）若伤残情况发生变化，可申请工伤职工复查鉴定。自工伤职工劳动能力鉴定结论作出之日起1年后，工伤职工（或者其近亲属）、用人单位或者社会保险经办机构认为伤残情况发生变化的，可以向设区的市级劳动能力鉴定委员会申请劳动能力复查鉴定。对复查鉴定结论不服的，可以按照上述规定申请再次鉴定。

7. 工伤保险待遇

（1）工伤保险待遇享受条件

《中华人民共和国社会保险法》第三十六条规定：职工因工作原因受到事故伤害或者患职业病，且经工伤认定的，享受工伤保险待遇；其中，经劳动能力鉴定丧失劳动能力的，享受伤残待遇。

（2）工伤保险待遇主要类型

《工伤保险条例》规定的工伤保险待遇主要有以下4种类型：

1）工伤医疗及康复待遇。工伤医疗及康复待遇包括工伤医疗及相关补助待遇、工伤康复待遇、辅助器具的安装配置待遇等。

2）停工留薪期待遇。职工因工作遭受事故伤害或者患职业病需要暂停工作接受工伤医疗的，在停工留薪期内，原工资福利待遇不变，由所在单位按月支付。停工留薪期一般不超过12个月。伤情严重或者情况特殊，经设区的市级劳动能力鉴定委员会确认，可以适当延长，但延长不得超过12个月。生活不能自理的工伤职工在停工留薪期需要护理的，由所在单位负责。

3）伤残待遇。根据工伤发生后劳动能力鉴定确定的劳动功能障碍程度和生活自理障碍程度的不同，工伤职工可享受相应的一次性伤残补助金、伤残津贴、一次性工伤医疗补助金、一次性伤残就业补助金及生活护理费等。

4）工亡待遇。职工因工死亡，其近亲属按照规定从工伤保险基金领取丧葬补助金、供养亲属抚恤金和一次性工亡补助金。

（3）停止享受工伤保险待遇的情形

1）丧失享受待遇条件的。如果工伤职工在享受工伤保险待遇期间情况发生了变化，不再具备享受工伤保险待遇的条件，如劳动能力得以完全恢复而无须由工伤保险制度提供保障时，应当停发工伤保险待遇。

2）拒不接受劳动能力鉴定的。如果工伤职工没有正当理由拒不接受劳动能力鉴定，一方面工伤保险待遇无法确定，另一方面也表明工伤职工并不愿意接受工伤保险制度提供的帮助，故不应再享受工伤保险待遇。

3）拒绝治疗的。职工遭受事故伤害或患职业病后，有享受工伤医疗待遇的权利，也有积极配合医疗救治的义务。如果工伤职工无正当理由拒绝治疗，一味消极地依靠社会救助，则有悖于这一义务，不得再继续享受工伤保险待遇。

8. 工伤预防的概念与作用

（1）工伤预防的概念和目的

工伤预防是指为避免与降低工伤风险所采取的宣传和培训等手段和措施。其中，工伤风险是指在工作过程中工伤的发生概率和造成危害的程度。

工伤预防的目的是从源头上减少和避免事故伤害和职业病的发生，实现最大限度地减少工伤的最终目标。因此，在工伤保险工作中，应将工伤预防放在首位。

（2）工伤预防的意义和作用

工伤预防是预防、补偿、康复"三位一体"工伤保险制度体系的重要内容。《工伤保险条例》把工伤预防定为工伤保险三大任务之一，从而逐步改变了过去重补偿、轻预防的模式。生命安全和身体健康是职工的最大利益，用人单位和职工要共同做好工伤预防工作，坚持"安全第一、预防为主、综合治理"的安全生产工作方针。

工伤预防的作用主要表现在以下两方面：

1）工伤预防可以从源头上降低事故伤害和职业病的发生概率，保障职工的安全和健康。预防的要义在于"事先防范"，防未发生的事故，防"未病之病"，防患于未然。用人单位要进行生产活动，就存在发生事故伤害和职业病的可能。有关研究表明，80%以上的工伤事故是可以通过安全生产管理与技术等手段避免的，说明了工伤预防工作的迫切性和重要性。

2）工伤预防工作从根本上有利于用人单位发展，促进社会和谐稳定。随着工伤保险制度的不断完善，工伤预防工作将得到逐步加强。一方面，通过工伤预防，可以提升用人单位安全生产管理水平，消除事故隐患，从而减少事故的发生。这既能有效保护职工的生命安全与身体健康，也能减少事故给用人单位带来的经济损失，确保生产经营活动顺利进行，进而推动用人单位良性发展，为经济社会的进步贡献力量。另一方面，工伤事故的减少，将大幅度减少由此引发的劳资争议，有利于建立和谐的劳动关系，进而促进社会和谐稳定。

 相关链接

在我国，工伤预防与安全生产关系密切，存在互相促进的辩证关系。工伤预防在促进安全生产、保护职工的安全和健康方面有着十分重要的意义和作用；相应地，安全生产对工伤预防也有十分重要的促进作用。

9. 职工工伤保险和工伤预防的权利和义务

（1）职工工伤保险和工伤预防的权利

1）职工有权获得劳动安全卫生教育和培训，了解所从事的工作可能对身体健康造成的危害和可能发生的安全事故。

2）职工有权获得保障自身安全、健康的劳动条件和劳动防护用品。

3）职工有权对用人单位管理人员违章指挥、强令冒险作业予以拒绝。

4）职工有权对危害生命安全和身体健康的行为提出批评、检举和控告。

5）职工从事接触职业病危害作业的，有权获得定期的职业健康检查。

6）职工发生工伤时，有权得到抢救治疗。

7）职工发生工伤后，有权申请工伤认定和享受工伤保险待遇。

8）职工有权申请劳动能力鉴定和再次鉴定，认为伤残情况发生变化的，有权申请劳动能力复查鉴定。

9）职工因工致残尚有工作能力的，有权在就业方面得到特殊保护，得到职业康复培训和再就业帮助。依照法律规定，对因工致残的职工，用人单位不得解除劳动合同，并应根据不同情况安排适当工作。

10）职工与用人单位发生工伤保险待遇方面争议的，有权按照处理劳动争议的有关规定处理；对工伤认定结论不服或对社会保险经办机构核定的工伤保险待遇持有异议的，可以依法申请行政复议，也可以依法向人民法院提起行政诉讼。

（2）职工工伤保险和工伤预防的义务

权利与义务是对等的，有相应的权利，就有相应的义务。职工工伤保险和工伤预防的义务主要体现在以下方面：

1）职工有义务遵守劳动纪律和用人单位的规章制度，做好本职工作和被临时指派的工作，服从本单位负责人的工作安排和指挥。

2）职工在劳动过程中必须严格遵守安全操作规程，正确使用劳动防护用品，依法接受劳动安全卫生教育和培训，配合用人单位积极预防事故伤害和职业病的发生。

3）职工申请工伤认定、劳动能力鉴定时，有义务如实反映发生的事故伤害和职业病的有关情况；当有关部门调查取证时，应当给予配合。

4）除紧急情况外，工伤职工应当到签订工伤保险服务协议的医疗机构进行治疗。对于治疗、劳动能力鉴定、工伤康复，要接受有关机构的安排，并予以配合。

10. 工伤预防管理模式

我国的工伤预防管理模式主要有以下 3 个方面：

（1）扩大工伤保险覆盖面

工伤保险作为一种"保险"，大数法则是其一个十分重要的原则，即参加保险者必须是较大的人群才能共同应对风险，较好地开展工伤预防等工作。

（2）费率机制预防措施

费率机制预防措施是指在筹集工伤保险基金的过程中，采取工伤保险行业差别费率和浮动费率机制，根据用人单位的工伤风险和工伤事故发生情况，调整用人单位的缴费费率，即对安全生产状况差、使用工伤保险基金多的用人单位提高缴费比例，对安全生产情况好、使用工伤保险基金少的用人单位降低缴费比例。这实质上是对两种不同情况的用人单位采取不同的奖惩措施，可以引导用人单位做好工伤预防，利用经济杠杆作用激励和督促用人单位加强安全生产管理和工伤预防工作。

（3）其他综合性预防措施

其他综合性预防措施主要是指从工伤保险基金中提取一定比例的工伤预防费，做好工伤预防宣传与培训工作，提高用人单位和职工的工伤预防意识和能力，减少事故伤害和职业病的发生。

第2章 工伤事故预防

11. 安全生产规章制度和安全操作规程

（1）安全生产规章制度

1）定义。安全生产规章制度是指生产经营单位依据国家有关法律法规、国家和行业标准，结合安全生产实际，以生产经营单位名义颁发的有关安全生产的规范性文件，一般包括规程、标准、规定、措施、办法、制度、指导意见等。安全生产规章制度是生产经营单位有效防范安全风险，保障人身安全、财产安全、公共安全，加强安全生产管理的重要措施。

2）意义。生产经营单位要实施有效的安全生产管理，履行其保护从业人员安全、健康的法定义务，落实"安全第一、预防为主、综合治理"的安全生产方针，就必须建立健全强有力的组织保障体系、规章制度保障体系和措施保障体系。这三大体系的具体体现就是以安全生产责任制为核心的安全生产规章制度。

①建立健全安全生产规章制度是生产经营单位安全生产的重要保障。生产经营单位应对生产工艺过程、机械设备、人员操作进行系统分析、评价，制定出一系列操作规程和安全控制措施，以保障生产经营活动合法、有序、安全地进行，将安全风险降到最低。在长期的生产经营活动中，生产经营单位积累了大量的安全风险防控措施，这些措施只有形成安全生产规章制度，才能得以保留并有效地实施。

②建立健全安全生产规章制度是生产经营单位保护从业人员安全与健康的重要手段。安全生产规章制度具有约束作用，能防止生产经营单位安全生产管理的随意性，使从业人员进一步明确自己的权利和义务，从而有效地保障从业人员的合法权益。同时，安全生产规章制度也为从业人员在生产经营过程中遵章守纪提供明确的标准和依据。

3）主要内容。安全生产规章制度基本可分为三大类：一是以生产经营单位安全生产责任制为核心的安全生产总则；二是各种单项制度，如安全生产的教育制度、检查制度、特种作业人员培训制度、危险作业审批制度、伤亡事故管理制度、职业健康管理制度、特种设备安全管理制度、电气安全管理制度、消防管理制度等；三是岗位安全操作规程。

（2）安全操作规程

安全操作规程是指为保障生产安全，对操作的具体技术要求和实施程序所作出的统一规定。

生产经营单位应根据本单位的机械设备种类和台数，实现一机一操作规程。安全操作规程主要包括以下内容：

1）操作前的准备，包括操作前做哪些检查，设施和环境应当处于什么状态，应做哪些调整，准备哪些工具等；

2）劳动防护用品的穿戴要求，包括应该和禁止穿戴的劳动防护用品种类以及如何穿戴等；

3）操作的先后顺序、方式；

4）操作过程中机械设备的状态，如手柄、开关所处的位置等；

5）操作过程需要进行的测试和调整，以及如何进行；

6）操作人员所处的位置和操作时的规范姿势；

7）操作过程中应禁止的行为，如严禁超性能、超负荷使用设备；

8）一些特殊要求；

9）异常情况如何处理；

10）其他要求。

12. 安全生产教育和培训

（1）安全生产教育和培训的对象

1）根据《生产经营单位安全培训规定》，生产经营单位应当进行安全培训的从业人员包括主要负责人、安全生产管理人员、特种作业人员和其他从业人员。

2）生产经营单位使用被派遣劳动者的，应当将被派遣劳动者纳入本单位从业人员统一管理，对被派遣劳动者进行岗位安全操作规程和安全操作技能的教育和培训。劳务派遣单位应当对被派遣劳动者进行必要的安全生产教育和培训。

3）生产经营单位接收中等职业学校、高等学校学生实习的，应当对实习学生进行相应的安全生产教育和培训，提供必要的劳动防护用品。学校应当协助生产经营单位对实习学生进行安全生产教育和培训。

（2）安全生产教育和培训的目的

1）统一思想，提高认识。通过安全生产教育和培训，把从业人员的思想统一到"安全第一、预防为主、综合治理"的安全生产方针上来，使生产经营单位的主要负责人和各级管理人员真正把安全摆在首位，在经营管理活动中坚持"五同时"（在计划、布置、检查、总结、评比生产的同时，计划、布置、检查、总结、评比安全工作）的基本原则；使从业人员认识安全生产的重要性，实现从"要我安全"到"我要安全""我会安全"的转变，做到"四不伤害"（不伤害自己，不伤害他人，不被他人所伤害，保护他人不受伤害），提高自觉抵制"三违"（违章指挥、违章作业、违反劳动纪律）的能力。

2）提高生产经营单位的安全生产管理水平。安全生产管理包括对全体从业人员的安全管理，对设备、设施的安全技术管理和对作业环境的劳动卫生管理。开展安全生产教育和培训，有助于提高生产经营单位各级管理人员的安全生产意识，使其掌握有关安全生产法规、制度，学习并应用先进的安全生产管理方法、手段，提高全体从业人员在各自工作范围内对设备、设施和作业环境的安全生产管理能力。

3）提高全体从业人员的安全知识水平和安全技能。安全知识包括对生产活动中各类危险源的辨识、分析、预防、控制知识。安全技能包括安全操作的技巧、紧急状态下的应变能力以及事故状态下的急救、自救和处理能力。开展安全生产教育和培训，有助于广大从业人员掌握安全生产知识，提高安全操作水平，发挥自防自控的自我保护及相互保护作用，有效地预防事故发生。

（3）安全生产教育和培训的内容

1）思想教育。思想教育主要是安全生产方针政策教育、形势任务教育和重要意义教育等。

2）法治教育。法治教育主要是法律法规教育、知法守法教育、权利义务教育等。

3）知识教育。知识教育主要是安全生产管理、安全技术和劳动卫生知识教育。

4）技能培训。技能培训主要是针对不同岗位或工种所必需的安全生产方法和手段的培训，如安全操作技能培训、危险预知培训、事故处理培训、自救互救培训、消防演习、逃生救生培训等。

13. 不安全行为与不安全心理

（1）不安全行为

1）操作错误，忽视安全，忽视警告。例如，未经许可开动、关停或移动设备；开动、关停设备时未给信号或开关未锁紧，造成意外转动、通电或泄漏等；忘记关闭设备；忽视警告标志、警告信号；（按钮、阀门、扳手、把柄等）操作错误；奔跑作业；供料或送料速度过快；机械超速运转；违章驾驶机动车；酒后作业；客货混载；冲压机作业时，手伸进冲压模内；工件紧固不牢；用压缩空气吹铁屑等。

2）造成安全装置失效。例如，拆除安全装置，安全装置因堵塞而失效，调整错误造成安全装置失效等。

3）使用不安全的设备、设施。例如，临时使用不牢固的设施，使用无安全装置的设备等。

4）手代替工具操作。例如，用手代替手动工具；用手清除切屑；不用夹具固定，用手拿工件进行机加工。

5）物品（成品、半成品、材料、工具、切屑和生产用品等）存放不当。

6）冒险进入危险场所。例如，冒险进入涵洞；接近漏料处（无安全设施）；采伐、集材、运材、装车时，未离开危险区；未经安全监护人员允许进入油罐或井中；未"敲帮问顶"就开始作业；冒进信号；在调车场超速上下车；在易燃易爆场所使用明火；私自搭乘矿车；在绞车道行走；未及时瞭望。

7）攀、坐不安全位置（如平台护栏、汽车挡板、吊车吊钩等）。

8）在起吊物下作业、停留。

9）机器运转时进行加油、修理、检查、调整、焊接、清扫等工作。

10）有分散注意力的行为。

11）在必须使用劳动防护用品的作业或场所中，忽视其使用。例如，未戴护目镜或面罩，未戴防护手套，未穿安全鞋，未戴安全帽，未佩戴呼吸护具，未佩戴安全带等。

12）不安全装束。例如，在有旋转零部件的设备旁作业时穿肥大服装，操纵带有旋转零部件的设备时戴手套等。

13）对易燃易爆等危险物品处理错误。

（2）不安全心理

常见的不安全心理主要有自我表现心理、经验心理、侥幸心理、从众心理、逆反心理、反常心理。

1）自我表现心理——"虽然我进厂时间短，但我年轻、聪明，干这活儿不在话下……"

2）经验心理——"多少年一直是这样干的，干了多少遍了，能有什么问题……"

3）侥幸心理——"完全按操作规程做太麻烦了，变通一下也不一定会出事吧……"

4）从众心理——"他们都没戴安全帽，我也不戴了……"

5）逆反心理——"凭什么听班长的呀,今儿我就这么干,我就不信会出事……"

6）反常心理——"早上孩子肚子疼,自己去了医院,也不知道是什么病,真担心……"

14. 安全生产检查

（1）安全生产检查的类型

1）定期安全生产检查。定期安全生产检查一般是通过有计划、有组织、有目的的形式来实现的。检查周期根据各单位实际情况确定,如次/年、次/季、次/月、次/周等。定期安全生产检查面广、有深度,能及时发现并解决问题。

2）经常性安全生产检查。经常性安全生产检查则是通过个别的、日常的预防检查方式来实现的,能及时发现和消除隐患,保证施工（生产）正常进行。

3）季节性及节假日前后安全生产检查。季节性安全生产检查由各单位根据季节变化,按事故发生的规律对易发的潜在危险,突出重点进行检查,如冬季防冻保温、防火、防煤气中毒等检查,夏季防暑降温、防汛、防雷电等检查。节假日（特别是重大节日,如元旦、春节、劳动节、国庆节）前后容易发生事故,因而应进行有针对性的安全生产检查。

4）专业（项）安全生产检查。专项安全生产检查是对某个专项问题或在施工（生产）中存在的普遍性安全问题进行的单项定性检查。对危险性较大的在用设备、设施,以及作业场所环境条件的管理性或监督性定量检测检验则属专业安全生产检查。专业（项）安全生产检查具有较强的针对性和专业要求，用于检查难度较大的项目。通过专业（项）安全生产检查，可发现潜在问题，研究整改对策，及时消除隐患，进行技术改造。

5）综合性安全生产检查。综合性安全生产检查一般是由主管部门对下属各生产经营单位进行的全面综合性检查，必要时可组织进行系统的安全性评价。

6）不定期的职工代表巡视安全生产检查。由生产经营单位或车间（工会）负责人组织有专业技术特长的职工代表进行巡视安全生产检查。主要检查内容如下：重点查国家安全生产方针、政策的贯彻执行情况；查生产经营单位各级管理人员安全生产责任制的落实情况；查从业人员安全生产权益的保障情况；查事故原因，查隐患整改情况；对责任者提出处理意见。此类检查可进一步强化各级管理人员落实安全生产责任制，促进维护从业人员的劳动保护权利。

（2）安全生产检查的内容

安全生产检查应本着突出重点的原则，即对危险性大、易发生事故、事故危害大的生产系统、部位、装置、设备等须加强检查。一般应重点检查：易造成重大损失的易燃易爆物品、剧毒品、锅炉、压力容器、起重机械、运输机械、冶炼设备、电气设备、冲压机械，以及本单位其他易发生工伤、火灾、爆炸等事故的设备、工种、场所及其作业人员；造成职业中毒或职业病的尘毒点及其作业人员；直接管理重要危险点和有害点的部门及其负责人。

安全生产检查的内容包括软件系统和硬件系统，具体主要是查思想、查管理、查隐患、查整改、查事故处理。

(3)安全生产检查的方法

1)常规检查。常规检查是常见的一种检查方法,通常由安全生产管理人员作为检查工作的主体,到作业场所现场,通过感观或利用简单工具、仪表等,对作业人员的行为、作业场所的环境条件、生产设备及设施等进行定性检查。安全生产检查人员通过这一手段,及时发现现场存在的隐患并采取措施予以消除,纠正作业人员的不安全行为。

这种方法完全依靠安全生产检查人员的经验和能力,检查的结果直接受安全生产检查人员个人素质的影响,因此对安全生产检查人员要求较高。

2)安全生产检查表法。为使检查工作更加规范,将个人的行为对检查结果的影响降到最小,常采用安全生产检查表法。安全生产检查表法是为了系统地找出系统中的不安全因素,事先把系统加以剖析,列出各层次的不安全因素,确定检查项目,并把检查项目按系统的组成顺序编制成表,以便进行检查或评审,这种表就是安全生产检查表。安全生产检查表是进行安全生产检查,发现和查明各种危险,监督各项安全生产规章制度的实施，及时发现事故隐患并制止违章行为的有力工具。

安全生产检查表应列举须查明的可能导致事故的所有不安全因素。每个检查表均应注明检查时间、检查人员、直接负责人等，以便分清责任。安全生产检查表的设计应做到系统、全面，检查项目应明确。编制安全生产检查表的主要依据：有关标准、规程、规范及规定，国内外事故案例及本单位在安全生产管理中的有关经验，通过系统分析确定的危险部位及防范措施，新知识、新成果、新方法、新技术等。

在我国，许多行业编制并实施了适合自身行业特点的安全生产检查标准。例如，建筑、火电、机械、煤炭等行业都制定了适用于本行业的安全生产检查表。企业在实施安全生产检查时，可以根据行业相关的安全生产检查标准，结合本单位情况，制定更具针对性的安全生产检查表。

3）仪器检查法。机器、设备内部的缺陷及温度、湿度等作业环境条件，只能通过仪器检查法来确定，以便发现隐患，为后续整改提供信息。由于检查对象不同，检查所用的仪器和手段也不同。

（4）安全生产检查的工作程序

1）安全生产检查准备。准备内容如下：

①确定检查对象、目的、任务；

②查阅、掌握有关法规、标准、规程的要求；

③了解检查对象的工艺流程、生产情况、可能出现的危险或危害的情况；

④制订检查计划，安排检查内容、方法、步骤；

⑤编写安全生产检查表或检查提纲；

⑥准备必要的检测工具、仪器、书写表格或记录本；

⑦挑选和培训检查人员，并进行必要的分工等。

2）实施安全生产检查。实施安全生产检查就是通过访谈、查阅文件和记录、现场检查、仪器检测的方式获取信息。

①访谈：通过与有关人员谈话，了解相关部门、岗位执行规章制度的情况。

②查阅文件和记录：检查设计文件、作业规程、安全措施、责任制度、操作规程等是否齐全、有效；查阅相应记录，判断上述文件是否执行到位。

③现场检查：到作业现场寻找不安全因素、事故隐患、事故征兆等。

④仪器检测：利用一定的检测工具、仪器，对在用的设施、设备、器材状况及作业环境条件等进行检测，以便发现隐患。

3）分析和判断。掌握情况（获得信息）之后，进行分析、判断和检验。可凭经验、技能进行分析、判断，必要时可以通过仪器检验得出正确结论。

4）及时作出决定并进行处理。针对存在的问题下达隐患整改意见和要求，并要求及时进行信息反馈。

5）实现安全生产检查工作闭环管理。复查整改落实情况，检查整改效果，实现安全生产检查工作的闭环管理。

📖 **案例解读**

> 某日19时许，某棉纺织厂维修车间工段长李某和两名维修工带着电焊机等工具到一分厂车间内维修轧花机。当时，轧花机四周地面上有许多杂物及废料。在焊接作业中，部分飞溅的火星落在杂物上。21时许，李某等人维修完轧花机，没有按照规定认真检查作业现场有无火灾隐患就离开了现场。飞溅的火星引燃杂物，最终酿成火灾，造成多人伤亡和百万元的经济损失。
>
> 这起事故的主要原因之一是李某等人缺乏责任感和安全意识，忽视安全生产检查规定，最终酿成事故。

15. 安全色与安全标志

（1）安全色

安全色是传递安全信息含义的颜色，包括红、黄、蓝、绿4种颜色。

1）安全色的含义及用途。

①红色传递禁止使用、停止、危险或提示消防设备、设施的信息，如禁止标志、交通禁令标志、消防设备标志。

②黄色传递注意、警告的信息，如警告标志、道路交通标志和标线中警告标志。

③蓝色传递必须遵守规定的指令性信息，如指令标志、道路交通标志和标线中指示标志。

④绿色传递安全的提示性信息，如提示标志、机器启动按钮、安全信号旗等。

2）对比色。对比色是使安全色更加醒目的反衬色，包括黑、白两种颜色。黄色的对比色为黑色，红色、蓝色、绿色的对比色均为白色。

①黑色用于安全标志的文字、图形符号和警告标志的几何图形。

②白色用于安全标志中红色、蓝色、绿色的背景色，也可用于安全标志的文字和图形符号。

3）安全色与对比色的相间条纹。

①红色与白色相间条纹是表示禁止或提示消防设备、设施位置的安全标记，用于交通运输等方面所使用的防护栏杆及隔离墩等。

②黄色与黑色相间条纹是表示危险位置的安全标记，用于各种机械在工作或移动时容易碰撞的部位，如移动式起重机的外伸腿、起重臂端部等。

③蓝色与白色相间条纹是表示指令的安全标记，传递必须遵守规定的信息，用于道路交通的指示性导向标志等。

④绿色与白色相间条纹是表示安全环境的安全标记，用于固定提示标志杆上的色带等。

（2）安全标志

安全标志是用以表达特定安全信息的标志，由图形符号、安全色、几何形状（边框）或文字构成。使用安全标志的目的是提醒人们注意不安全因素，防止事故发生。当然，安全标志本身并不能消除任何危险，也不能取代预防事故的相应设施。

1）安全标志的类型。安全标志分为禁止标志、警告标志、指令标志和提示标志四大类型。

2）安全标志的含义。

①禁止标志是禁止人们不安全行为的图形标志。其基本形式为带斜杠的圆边框。圆环和斜杠为红色，图形符号为黑色，衬底为白色。

禁止吸烟　　　禁止烟火　　　禁止堆放　　　禁止启动

②警告标志是提醒人们对周围环境引起注意，以避免可能发生危险的图形标志。其基本形式是正三角形边框。三角形边框及图形为黑色，衬底为黄色。

注意安全　　　当心火灾　　　当心中毒　　　当心腐蚀

③指令标志是强制人们必须做出某种动作或采用防范措施的图形标志。其基本形式是圆形边框。图形符号为白色，衬底为蓝色。

第 2 章 工伤事故预防

  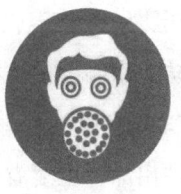 

必须戴防护眼镜　　必须戴防尘口罩　　必须戴防毒面具　　必须戴安全帽

④提示标志是向人们提供某种信息的图形标志。其基本形式是正方形边框。图形符号为白色，衬底为绿色。

避险处　　　　应急避难场所　　　　可动火区　　　　急救点

3）使用安全标志的相关规定。在有较大危险因素的生产、经营场所或者有关设施、设备上，应设置明显的安全标志，以提醒或警告从业人员，使他们认识到所处环境的危险，加强自身防护，避免事故发生。

在设置安全标志方面，相关法律法规已有诸多规定。例如，《中华人民共和国安全生产法》规定，生产经营单位应当在有较大危险因素的生产经营场所和有关设施、设备上，设置明显的安全警示标志。

16. 劳动防护用品

（1）劳动防护用品分类

1）头部防护用品，主要有普通工作帽、防尘帽、防水帽、防寒帽、安全帽、防静电帽、防高温帽、防电磁辐射帽、防昆虫帽等。

2）呼吸器官防护用品，按防护功能主要分为防尘口罩和防毒口罩（面罩）等，按型式又可分为过滤式和隔离式两类。

3）眼面部防护用品，主要有防尘、防水、防冲击、防高温、防电磁辐射、防射线、防酸碱、防风沙、防强光等护具。

4）听觉器官防护用品，主要有耳塞、耳罩和防噪声头盔等。

5）手部防护用品，主要有普通防护手套、防水手套、防寒手套、防毒手套、防静电手套、防高温手套、防射线手套、防酸碱手套、防油手套、防振手套、防切割手套、绝缘手套等。

6）足部防护用品，主要有防尘鞋、防水鞋、防寒鞋、防静电鞋、防酸碱鞋、防油鞋、防烫脚鞋、防滑鞋、防刺穿鞋、电绝缘鞋、防振鞋等。

7）躯干防护用品，主要有普通防护服、防水服、防寒服、防砸背心、防毒服、阻燃服、防静电服、防高温服、防电磁辐射服、防酸碱服、防油服、水上救生衣、防昆虫服、防风沙服等。

8）护肤用品，主要有防毒、防射线、防油等不同功能的护肤用品。

9）防坠落用品，主要有安全带和安全网两种。

（2）使用劳动防护用品的注意事项

1）应根据防护目的，正确选择符合要求的劳动防护用品，绝不能错选或将就使用，以免发生事故。

2）应对使用劳动防护用品的人员进行教育和培训，使其充分了解使用目的和意义，并正确使用。对于结构和使用方法较为复杂的劳动防护用品，如呼吸防护器，应进行反复训练，使人员能熟练使用。用于紧急救灾的劳动防护用品，应定期严格检验，并妥善存放在可能发生事故的地点附近，方便取用。

3）妥善维护和保养劳动防护用品，这样不但能延长其使用期限，而且能确保劳动防护用品的防护效果。过滤式呼吸防护器的滤料应定期更换，以防失效。防止皮肤污染的工作服用后应集中清洗。

4）应有专人管理劳动防护用品，保障劳动防护用品充分发挥其作用。

相关链接

(1) 正确佩戴安全帽

1) 检查安全帽的外壳是否破损(若破损,其分解和削弱外来冲击力的性能就会减弱或丧失,不可再用),有无合格帽衬(若无帽衬,则丧失保护头部的功能),下颚带是否完好。

2) 调整好帽衬顶端与帽壳内顶的间距(4~5 cm),调整好帽箍。

3) 安全帽必须戴正。如果戴歪了,一旦受到打击,就无法减轻对头部的冲击。

4) 必须系紧下颚带,戴好安全帽。如果不系紧下颚带,一旦发生坠物打击事故,安全帽容易脱落,导致严重后果。

现场作业中,切记不得将安全帽脱下搁置一旁,或当坐垫使用。

(2) 正确使用安全带

1) 检查安全带是否合格，各部分构件是否完好。

2) 安全带不允许打结，不能随意加长使用。

3) 安全带应高挂低用。应防止安全带摆动，避免安全带接触尖锐物体。

4) 不得私自拆换安全带上的配件。更换新配件时，应选择合格的配件。

5) 作业时应将安全带的钩、环牢固地挂在系留点上，卡好各个卡子并关好保险装置，以防脱落。

6) 在温度较低的环境中使用安全带时，应注意防止安全绳硬化割裂。

7) 使用后，将安全带、安全绳卷成盘状放在无化学试剂、避光处，切不可折叠。在金属配件上涂些机油，以防生锈。

17. 触电伤害事故预防

（1）电对人体可能造成的伤害

1) 人体接受过量的电流，会造成电击伤；电能转换为热能作用于人体，可导致烧伤或灼伤；电气设备可产生电磁波，过量的电磁辐射会损害人体机能。

2) 当人体接触的电流达到 0.5~1 mA 时，人会有手指、手腕麻或痛的感觉；当接触电流增至 8~10 mA 时，针刺感、疼痛感增强，机体可能发生痉挛并抓紧带电体，但通常能摆脱带电体；当接触电流达到

20~30 mA 时，人会迅速感到麻痹，出现血压升高、呼吸困难的症状，不能摆脱带电体；当接触电流超过 50 mA 时，人会呼吸麻痹、身体颤抖，数秒钟内就可能致命。

（2）触电伤害事故的特点

1）错误操作和违章作业造成的触电事故多。

2）非专业电工、合同工和临时工触电事故多。

3）低压设备触电事故多。

4）移动式设备和临时性设备触电事故多。

5）电气连接部位触电事故多。

6）每年6—9月触电事故多。

7）潮湿、高温、混乱、移动式设备和金属设备多的环境易发生触电事故。

（3）作业场所用电安全操作规范

1）未经电工特种作业培训考核合格并取得上岗证的人员，不得从事电工作业。

2）车间内的电气设备不得擅动。如果电气设备出现故障，应请持证电工修理，不得私自修理，更不能带故障运行。

3）电工进行作业前必须验电。任何电气设备在未验明无电之前，应一律认为有电，不要盲目触及；对"禁止合闸""有人操作"等标牌，无关人员不得移动。

4）电气设备必须有保护性接地、接零装置，并应经常对其进行检查，以确保连接牢固。

5）需要移动某些非固定安装的电气设备（如照明灯、电焊机等）时，必须先切断电源再移动，同时要防止导线被拉断。

6）作业人员经常接触和使用的配电箱、配电板、闸刀开关、按钮开关、插座、插头以及导线等必须保持安全完好，不得有破损或使带电部分裸露。

7）发生电气火灾时，应立即切断电源，用黄沙或二氧化碳、四氯化碳灭火器灭火，切不可用水或泡沫灭火器灭火。

（4）使用手持电动工具的安全防护措施

1）辨认铭牌，检查手持电动工具的性能是否与使用条件相适应。

2）检查其防护罩、防护盖、手柄防护装置等有无损伤、变形或松动。不得随意拆除安全防护装置。

3）检查电源开关是否正常，接线有无松动。

4）检查手持电动工具的转动部分是否灵活。

5）严格执行安全操作规程，操作人员应穿戴绝缘鞋、绝缘手套等劳动防护用品，并站在绝缘板上操作。

6）手持电动工具的电源应安装漏电保护器，其金属外壳应有防护接地或接零措施。手持电动工具配用的导线、插头、插座应符合要求。

7）首次使用前，应检测手持电动工具的接零和绝缘情况，确认无误后才能使用。

8）手持电动工具的导线必须使用绝缘橡胶护套线，禁止用塑料护套线。

9）在使用中移动手持电动工具时，只能手提握柄，不得提导线拉扯。使用中不得过分翻转手持电动工具，避免手柄内电源接头被扯脱落，使机壳带电或发生短路。应防止手持电动工具的工作端对人体造成机械伤害。

10）在易燃易爆环境中切不可使用手持电动工具，以免产生火花，酿成火灾、爆炸事故。

11）用毕应及时切断电源，并妥善保管。

案例解读

某日上午，变电班电工高某等人接受维修任务后来到变电所，拉下 10 kV 高压负荷开关。待变压器的声响停止，高某以为变压器已经断电，于是爬上高压柜准备维修作业，却被电击倒，经抢救无效死亡。案例中，高某等人未严格遵守安全操作规程，在维修作业前未进行验电，导致发生生产安全事故，应引以为戒。

18. 机械伤害事故预防

（1）机械伤害类型

1）机械设备零部件做旋转运动时造成的伤害，主要形式有绞伤和物体打击伤等。

2）机械设备零部件做直线运动时造成的伤害，主要形式有压伤、砸伤、挤伤等。

3）刀具在加工零件时造成的伤害，主要形式有烫伤、刺伤、割伤等。

4）加工、装运的零部件造成的伤害。例如，小型零件在加工过程中固定不牢被甩出击伤人，大型部件在吊运和装卸过程中砸伤人等。

5）电气系统造成的伤害，主要形式是电击伤。

6）手持电动工具造成的伤害。

7）其他伤害。例如，有的机械设备在使用中发出强光、高温，有的放出化学能、辐射能以及尘毒危害物质等，均会对人体造成伤害。

（2）机械伤害事故的工伤预防措施

1）必须正确穿戴劳动防护用品。该穿戴的必须穿戴，不该穿戴的就一定不要穿戴。例如，机械加工时要求女工戴防护帽，如果不戴，可能会将头发绞进去；同时要求不得戴针织手套，如果戴了，机械的旋转部分可能会将手套绞进去，将手绞伤。

2）操作前应对机械设备进行安全检查，并应空车试运转，确认正常后，方可投入运行。

3）机械设备在运行中应按规定进行安全检查，特别是检查紧固的物件是否由于振动而松动。若松动，应重新紧固。

4）机械设备严禁带故障运行，以防出事故。

5）机械设备的安全防护装置必须按规定正确使用，不得将其拆除不用。

6）机械设备使用的刀具、工夹具以及加工的零件等，一定要装卡牢固，不得松动。

7）机械设备在运转时，严禁用手调整，也不得用手测量零件，或进行润滑、清扫杂物等。如必须进行，则应首先关停机械设备。

8）机械设备运转时，操作人员不得离开工作岗位，以防发生异常时无人处置。

9）工作结束后，应关闭设备开关，把刀具和工件从工作位置退出，并清理好工作场地，将零件、工夹具等摆放整齐。

（3）切削加工的安全操作规程

1）被加工工件的质量、轮廓尺寸应与机床的技术性能数据相适应。

2）被加工工件的质量大于 20 kg 时，应使用起重设备。

3）在工件回转或刀具回转的情况下，禁止戴针织手套操作。

4）紧固工件、刀具或机床附件时应站稳，不得用力过猛。

5）每次开动机床前应确认对任何人无危险，机床附件、被加工工件以及刀具均已固定牢固。

6）当机床已在工作时，不能变动手柄和进行测量、调整、清理等工作。操作人员应不间断观察加工进程。

7）如果加工过程易产生切屑，为安全起见，应装设防护挡板。不能直接用手清除工作场地和机床上的切屑，也不能用压缩空气吹，应使用专用工具。

8）正确放置被加工工件，不得堵塞机床附近的通道。应及时清除切屑，工作场地特别是脚踏板上不得有冷却液和冷却油。

9）当电绝缘发热并有气味、设备运转声音不正常时，应迅速停车检查。

10）当使用压缩空气驱动机床附件工作时，废气排放口应朝着远离机床的方向。

11）若要离开机床，即使是短时间离开，也应停车并切断电源。

（4）冲压加工的安全操作规程

1）开始操作前，必须认真检查安全防护装置是否完好，离合器、制动装置是否灵敏和安全可靠。应把工作台上的一切不必要物件清理干净，以防工作时被振落到脚踏开关上，造成冲床突然启动而发生事故。

2）冲压小工件时不得用手操作，应使用专用工具，最好安装自动送料装置。

3）作业人员对脚踏开关的控制必须小心谨慎。装卸工件时，脚应离开脚踏开关。严禁他人在脚踏开关周围停留。

4）如果工件卡在模具内，应用专用工具取出，不得用手拿取，并注意将脚从脚踏开关上移开。

案例解读

某日，机械加工厂镗工张某正在卧式镗床上加工部件，镗床主轴以 200 r/min 的速度旋转。突然，张某痛苦地大叫一声，工友闻声急忙按下停车按钮。只见张某上身裸露趴在工件上，左臂鲜血淋漓，工作服、毛衣、衬衣、背心全部被撕破缠绕在镗杆上。经送医院检查救治，张某左臂及手腕多处皮肤撕裂，肌肉严重挫伤，脾脏破裂被手术切除。

> 事故调查发现，事故的直接原因是张某工作服最下边的一粒纽扣未系紧，在他观察工件加工情况时，衣角被镗杆绞住。从这起事故看，严格遵守安全操作规程是作业人员预防事故伤害的重要保障。假如张某上岗前按工作服"三紧"（领口紧、袖口紧、下摆紧）的着装要求，将上衣纽扣全部系好，事故是完全可以避免的。

19. 物体打击伤害事故预防

（1）物体打击伤害事故的主要表现

1）在高处作业中，工具、零件、砖瓦、木块等物体从高处坠落伤人。

2）乱扔废物、杂物伤人。

3）起重吊装、拆装、拆模时，物料坠落伤人。

4）设备带故障运行，设备零部件飞出伤人。

5）设备运转中，用铁棍捅卡料，导致铁棍弹出伤人。

6）压力容器爆炸的飞出物伤人。

7）放炮作业中迸溅的乱石伤人。

（2）造成物体打击伤害事故的常见原因

1）作业人员进入施工现场时未按照要求佩戴安全帽。

2）工作过程中常用工具随手乱放，未放在工具袋内。

3）作业人员从高处向下抛掷建筑材料、杂物、建筑垃圾或向上递送工具。

4）脚手板未满铺或铺设不规范，物料堆放在临边及洞口附近。

5）拆除工程未设警示标志，周围未设护栏或未搭设防护棚。

6）起重吊运物料时，没有专人指挥。

7）未按规定执行起重吊装作业。

8）安全平网、密目式安全立网防护不严。

（3）物体打击伤害事故的预防措施

1）高处作业时，禁止乱扔物料。清理楼内的物料时，应设溜槽或使用垃圾桶。手持工具和零星物料应随手放在工具袋内。安装、更换玻璃时要有防止玻璃坠落的措施，严禁乱扔碎玻璃。

2）吊运大件应使用带有防脱钩装置的吊钩和卡环，吊运小件应使用吊笼或吊斗，吊运长件要绑牢。

3）高处作业时，对斜道、过桥、跳板应明确专人负责维修、清理，不得堆放杂物。

4）严禁设备带故障运行。

5）排除设备故障或清理卡料前必须停机。

6）放炮作业前，人员要隐蔽在安全可靠处，无关人员严禁进入作业区。

案例解读

某日，上海某建筑工地承包单位外墙粉刷班为图操作方便，经班长同意后，拆除了机房东侧外脚手架的围挡密封网，搭设了操作平台。10时50分左右，粉刷工张某在取用粉刷材料时认为小平台上料口空当过大，就拿来一块木板，准备放在空当处。在放置时，因木板后段连着的一段铁丝钩住脚手架，张某用力过大，木板从15m的高处坠落,击中正从下方经过的送料工杨某头部。杨某经抢救无效死亡。

20. 坍塌伤害事故预防

(1) 坍塌伤害事故的特点

坍塌事故是指物体在外力和重力的共同作用下,因超过自身极限强度而导致结构失稳、塌落,进而造成高处坠落、物体打击、挤压伤害及窒息等后果的事故。坍塌事故因塌落物自重大、作用范围大,往往伤害人员多、后果严重,常造成重大或特大人身伤亡事故。

(2) 土方坍塌伤害事故的预防措施

挖土方时,发现边坡附近土体出现裂纹、掉土及塌方险情时,应立即停止作业,下方人员应迅速撤离危险地段,待查明原因后再决定是否继续作业。

（3）脚手架坍塌伤害事故的预防措施

1）加强对脚手架的日常检查和维护，重点检查架体基础变化、各种支撑及连接件的受力情况。

2）当脚手架的前部基础沉陷或施工需要掏空时，应根据具体情况采取加固措施。

3）当隐患危及架体稳定时，应立即停止使用，并采取针对性措施，限期加固处理。

4）在支搭与拆除脚手架作业过程中，要严格按规定和工作程序进行。

案例解读

某日，在某建筑安装公司承建的某旧区改造工程工地上，施工队正在进行基础工程的挖土施工作业。其中6号房位于施工现场道路的东侧。基础开挖后，为防止基坑边坡塌方，瓦工班班长邱某安排瓦工张某等砌筑边坡挡土墙。20时30分左右，正在6号房基坑西北角砌筑挡土墙的张某被突然坍塌下来的土体压埋。事故发生后，现场人员立即将张某救出并送医救治，但张某因脑部受伤过重，经抢救无效死亡。

经调查分析，这起事故的主要原因是施工人员自我保护意识不强，施工现场安全生产管理不严，施工前安全技术交底不够，以及施工现场照明不足。

21. 火灾、爆炸伤害事故预防

（1）生产中引起火灾、爆炸伤害事故的常见点火源

1）明火，如火柴、气焊和电焊喷火等。

2）高温表面，如加热装置、高温物料的输送管等。

3）电火花，如开合电闸时的弧光放电等。

4）静电火花，如液体流动引起的静电等。

5）摩擦与撞击火花，如铁器工具相撞产生的火花等。

6）物质自行发热，如油纸、油布、煤的堆积发热等。

7）绝热压缩。例如，硝化甘油液滴中含有气泡时，被锤击受到绝热压缩，瞬时升温，可使硝化甘油液滴被加热至着火点而爆炸。

8）化学反应热及光照等。

（2）防火防爆的基本措施

1）掌握防火防爆知识，并严格贯彻执行防火防爆规章制度。禁止违章作业。

2）应在指定的安全地点吸烟，严禁在厂区内吸烟和乱扔烟头。

3）使用、运输、储存易燃易爆气体和液体时，应严格遵守安全操作规程。

4）在工作现场禁止随便动用明火。确需使用时，必须报请主管部门批准，并做好安全防范工作。

5）对于使用的电气设备，如发现绝缘破损、老化不堪、超负荷以及不符合防火防爆要求的，应停止使用，并上报予以解决。不得带故障运行，防止发生火灾、爆炸事故。

6）应学会使用常见的灭火工具和器材。应爱护车间内配备的防火防爆工具、器材等，不得随便挪用。

 相关链接

灭火的基本方法如下：

（1）冷却法

例如，用水或干冰直接喷射燃烧物，降低燃烧物的温度，或往火源附近未燃烧物上喷洒灭火剂，防止形成新的火点。

（2）窒息法

例如，用不燃或难燃的石棉被、湿麻袋、湿棉被等捂盖燃烧物，用沙土埋没燃烧物，降低燃烧区域的氧气浓度，使火焰熄灭。

（3）隔离法

使燃烧物和未燃烧物隔离，限制燃烧范围。例如，将火源附近的可燃物、易燃物、易爆物和助燃物搬走；关闭可燃气体、液体管道的阀门，避免可燃物进入燃烧区内。

（4）抑制法

例如，往燃烧物上喷射干粉等灭火剂，可中断燃烧的连锁反应，达到灭火的目的。

22. 危险化学品伤害事故预防

（1）危险化学品的分类

危险化学品按照理化危险特性分为16类：爆炸物、易燃气体、气溶胶、氧化性气体、加压气体、易燃液体、易燃固体、自反应物质和混合物、自燃液体、自燃固体、自热物质和混合物、遇水放出易燃气体的物质和混合物、氧化性液体、氧化性固体、有机过氧化物、金属腐蚀物。危险化学品一旦处置不当，极易导致爆炸、火灾、中毒、环境污染等事故。

常见的危险化学品有液化石油气、天然气、汽油、苯、硫化氢、农药、酒精、液氯等。

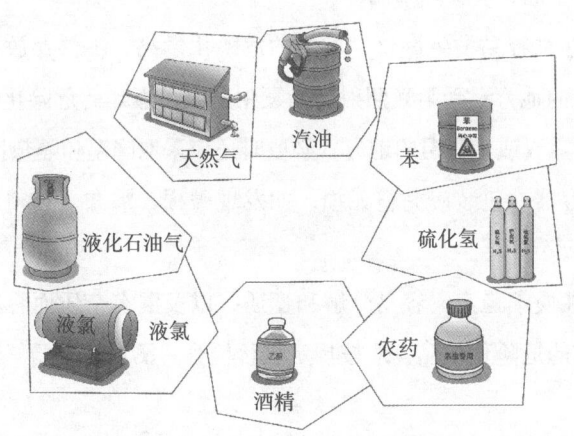

（2）危险化学品装运安全规定

1）运输危险化学品的车辆应专车专用，并设置明显标志。装运人员应了解所装运危险化学品的性质，掌握事故应急处理措施，配备必要的应急处理器材和劳动防护用品。

2）装运危险化学品时应轻拿轻放，防止撞击、拖拉和倾倒。

3）碰撞、相互接触容易引起燃烧、爆炸或造成其他危害的危险化学品，以及化学性质或防护、灭火方法相互抵触的危险化学品，不得违反配装限制的规定，不得混合装运。

4）遇热、遇潮容易引起燃烧、爆炸或产生有毒气体的危险化学品，在装运时应当采取隔热、防潮措施。

（3）危险化学品储存安全规定

1）危险化学品应当储存在专门地点，不得与其他物品混合储存。

2）危险化学品应该分类、分堆储存，堆垛不得过高、过密，堆垛之间以及堆垛与墙壁之间应留出一定的距离、通道及通风口。

3）互相接触容易引起燃烧、爆炸的危险化学品及灭火方法不同的危险化学品，应该隔离储存。

4）遇水容易发生燃烧、爆炸的危险化学品，不得存放在潮湿或容易积水的地方。受阳光照射容易发生燃烧、爆炸的危险化学品，不得存放在露天或者高温的地方，必要时还应采取降温和隔热措施。

5）容器、包装应完整无损，如发现破损、渗漏，必须立即进行安全处理。

6）性质不稳定、容易分解和变质，以及混有杂质而容易引起燃烧、爆炸的危险化学品，应按规定进行检查、测温、化验，防止自燃及爆炸。

7）不准在储存危险化学品的库房内或露天堆垛附近进行试验、分装、打包、焊接和其他可能引起火灾的操作。

8）库房内不得住人。工作结束后，应进行防火检查，切断电源。

> **案例解读**
>
> 某日，一辆载有超2 t黄磷的汽车在公路上起火。某企业专职消防队闻讯赶来，他们在高压水枪的掩护下，掀开着火的黄磷桶。结果发生接二连三的爆炸，炸飞的黄磷猛烈燃烧，4名消防人员当场牺牲。
>
> 在这起事故中，危险化学品的管理、运输以及火灾扑救都存在严重问题。当时，这辆运载危险化学品的车上根本没有押车员，且司机也没有任何运输危险化学品的安全知识。消防人员在扑救黄磷火灾时，本应关闭车厢门，往车厢里灌水，让着火的黄磷重新浸泡在水中。但是，他们却采用了打开车厢门和掀开黄磷桶的错误做法，再加上人员近距离接触着火的黄磷桶，因而造成人员伤亡。

23. 井下作业伤害事故预防

（1）入井安全注意事项

1）矿山生产是高危行业，入井前要吃好、睡好、休息好，千万不能喝酒，应保持精力充沛。

2）明火和静电可导致瓦斯爆炸及火灾，不得穿化纤衣服和携带点火物品下井，井下不得吸烟。

3）入井前要佩戴矿灯、安全帽，随身携带自救器，配备不齐或设备不完好不能入井工作。

4）携带锋利工具时，要套好护套，防止伤人。

5）按时参加班前会。通过班前会了解工作地点的安全生产情况，明确安全注意事项，掌握事故防范措施，保障作业安全。

6）自觉遵守入井检身制度，听从指挥，排队入井，接受检身。

（2）井下安全乘车与行走注意事项

1）井下乘车注意事项如下：

①上下井乘罐笼、乘车时应听从指挥，不能嬉戏打闹、抢上抢下。

②应按照定员乘罐笼、乘车，并关好罐笼门、车门，挂好防护链。不得在机车上或两车厢之间搭乘。

③人货混载十分危险，不得乘坐已装物料的罐笼、矿车。

④开车信号已发出或罐笼、车辆没有停稳时，严禁上下。

⑤运送火工品时，应听从管理人员的安排，火工品千万不能与上下班人员同罐、同车。

⑥乘罐笼、乘车行驶途中，不能在罐内、车内躺卧或打瞌睡，不能将身体任何部位和携带的工具伸到罐笼和车辆外面。

⑦乘坐"猴车"（无极绳绞车）时，不得触摸绳轮，做到稳上稳下。

2）井下行走注意事项如下：

①在巷道中行走时，应走人行道，不得在轨道中间行走，不得随意横穿电机车轨道、绞车道。携带长件工具时，应注意避免碰伤他人和触及架空线，车辆接近时应立即进入躲避硐室暂避。

②在横穿大巷或通过弯道、交叉口时，要做到"一停、二看、三通过"；任何人都不能从立井和斜井的井底穿过；在人、车兼用的斜巷内行走时，按照"行人不行车，行车不行人"的规定，人不得与车辆同行。

③围有栅栏和挂有危险警告牌的地方十分危险，不能擅自进入；爆破作业经常伤人，不可强行通过爆破警戒线或进入爆破警戒区。

④严禁扒车、跳车和乘坐矿车，严禁在刮板输送机上行走；在带式输送机巷道中，不能钻过或跨越输送皮带。

（3）井下火灾与水灾事故预防

1）井下火灾事故预防措施如下：

①在井下不能用灯泡取暖，不得使用电炉、明火。

②在没有作业许可证的情况下，不得从事电焊作业。

③不得随意泼洒剩油、废油,也不得随意丢弃用过的棉纱、布头和纸张等易燃物品。

④主动学会使用灭火器具,掌握灭火方法。火灾发生初期是灭火的最好时机,在发生火灾时,若火势不大,可直接组织现场人员灭火;若火灾范围较大或火势过猛,现场人员无力扑救且自身安全受到威胁时,应迅速戴好自救器,听从指挥,撤离灾区。

2)井下水灾事故预防措施如下:

①当出现以下一种或几种征兆时,必须停止作业,判明情况,立即向领导或调度室报告,并从受水害威胁的区域撤出:工作面变得潮湿,顶板滴水、淋水、岩石膨胀、底鼓、矿压增大、冒顶片帮,支架变形,有水叫声,煤层挂汗、挂红,工作面有害气体增多且有时带有臭鸡蛋味等。

②探水作业经常会发生意外,进行探水作业时,要预先构筑避难硐室,加强支护,规定好联络信号和避灾路线,并经常检查瓦斯浓度。当钻进作业中遇到异常情况时,不要轻易移动或拔出钻杆、擅自放水,要及时向领导或调度室报告,情况危急时,要立即撤出。

24. 特种作业伤害事故预防

(1)高处作业伤害事故预防措施

1)高处坠落事故在建筑施工中经常发生。要避免此类事故,必须配齐安全帽、安全带和安全网,它们被称为建筑施工的"三宝"。

2)高处作业人员一般应每年进行一次健康检查,患有心脏病、高血压、精神病、癫痫的人员,不可从事这类作业。

3）高处作业人员的衣着要符合规定，不可赤膊裸身。脚下要穿软底防滑鞋，绝不能穿拖鞋、硬底鞋和易滑的鞋。操作时要严格遵守各项安全操作规程和劳动纪律。

4）攀登和悬空作业人员（如架子工、结构安装工等）的作业危险性较大，应对此类人员加强培训，考试合格后再上岗作业。

5）高处作业中所用物料应平稳堆放，不可放置在临边或洞口附近，也不可妨碍通行和装卸。

（2）起重作业伤害事故预防

1）司机接班时，应对制动器、吊钩、钢丝绳和安全装置进行检查。发现异常时，应在操作前排除。

2）开车前，必须鸣铃或示警。操作中接近人时，应给予断续铃声或警报。

3）操作应按指挥信号进行。对紧急停车信号，不论何人发出，都应立即执行。

4）当确认起重机上及其周围无人时，才可以闭合主电源。当电源电路装置上加锁或有标牌时，应由有关人员解除后才可闭合主电源。

5）闭合主电源前，应将所有的控制器手柄置于零位。

6）工作中突然断电时，应将所有的控制器手柄扳回零位。在重新工作前，应检查设备装置是否正常。

7）在轨道上露天作业的起重机工作结束时，应将起重机锚定住；当风力大于6级时，一般应停止作业，并将起重机锚定住。

8）对起重机进行维护保养时，应切断主电源并挂上标牌或加锁。如存在未消除的故障，应通知接班司机。

Tips 相关链接

(1) 施工现场中工作面边缘无围护设施或围护设施高度低于 80 cm 的作业称为临边作业。建筑施工现场常出现临边作业。"五临边"是指沟、坑、槽和深基础周边，平台或露台边，屋面周边，楼层周边，楼梯侧边。

(2) 起重机司机应经专业培训，考试合格，持特种作业操作证，方能进行起重操作。起重机司机在作业前必须戴好安全帽，并对投入作业的机械设备进行严格检查，确保完好可靠。现场指挥信号要统一、明确，坚决反对违章指挥。在起吊物就位固定前，起重机司机不得离开作业岗位。不得在索具受力或起吊物悬空的情况下中断作业。

25. 道路交通伤害事故预防

（1）上下班驾驶机动车、非机动车要遵守交通规则，做到谨慎驾驶。

（2）驾驶机动车、非机动车须保证车况良好（经常检查制动装置、灯光、喇叭等），不驾驶安全装置不全或有事故隐患的车辆。

（3）驾驶汽车时按规定路段、规定车速行驶，驾驶摩托车、电动自行车等应做到低速行驶。"宁停三分，不抢一秒"，做到不超速。

（4）禁止在机动车车道上违规驾驶电动自行车。

（5）在通过十字路口或需要转弯、掉头时，应按照交通信号灯指示通行，做到"一停、二看、三通过"，严禁闯红灯。

（6）遇雨、雪、雾等恶劣天气，应减速慢行，提高警惕。恶劣天气最好选乘公共交通工具出行，如地铁、公共汽车等。

第3章 职业病预防

26. 职业病及其分类

职业病是指企业、事业单位和个体经济组织等用人单位的劳动者在职业活动中,因接触粉尘、放射性物质和其他有毒、有害因素而引起的疾病。一般来说,符合法律规定的疾病才能称为职业病。2024年12月11日,国家卫生健康委、人力资源社会保障部、国家疾控局、全国总工会联合组织对职业病的分类和目录进行调整。调整后的《职业病分类和目录》将职业病分为12类135种,自2025年8月1日起实施,具体如下:

(1)职业性尘肺病及其他呼吸系统疾病(尘肺病13种和其他呼吸系统疾病6种);

(2)职业性皮肤病(9种);

(3）职业性眼病（3种）；

(4）职业性耳鼻喉口腔疾病（4种）；

(5）职业性化学中毒（59种）；

(6）物理因素所致职业病（7种）；

(7）职业性放射性疾病（13种）；

(8）职业性传染病（5种）；

(9）职业性肿瘤（11种）；

(10）职业性肌肉骨骼疾病（2种）；

(11）职业性精神和行为障碍（1种）；

(12）其他职业病（2种）。

27. 职业病防治的权利与义务

有效的职业病防治措施能够减少职业病的发生，保护劳动者的职业健康权益，促进劳动力资源的可持续利用，同时也有助于提升用人单位的生产效率和竞争力，构建和谐的劳动关系，维护社会的稳定与发展。

（1）劳动者职业病防治层面

1）劳动者在职业病防治方面享有的权利如下：

①劳动者有权要求用人单位依法参加工伤保险，缴纳工伤保险费。

②劳动者有权要求用人单位为其提供符合国家职业卫生标准和卫生要求的工作环境和条件，提供符合职业病防治要求的劳动防护用品，采取措施保障劳动者获得职业卫生保护。

③劳动者有权知晓工作过程中可能产生的职业病危害及其后果、职业病防护措施和待遇等，用人单位应在签订劳动合同或者工作岗位变更时如实告知劳动者，并在劳动合同中写明，不得隐瞒或者欺骗。用人单位违反规定的，劳动者有权拒绝从事存在职业病危害的作业，用人单位不得因此解除与其所订立的劳动合同。

④劳动者有权要求用人单位对其进行上岗前的职业卫生培训和在岗期间的定期职业卫生培训，普及职业卫生知识，指导正确使用职业病防护设备及个人使用的职业病防护用品。

⑤从事接触职业病危害作业的劳动者，有权要求用人单位按规定组织其进行上岗前、在岗期间和离岗时的职业健康检查，并书面告知检查结果。职业健康检查费用由用人单位承担。

⑥劳动者有权要求用人单位为其建立职业健康监护档案，并按照规定的期限妥善保存。劳动者离开用人单位时，有权索取本人职业健康监护档案复印件，用人单位应当如实、无偿提供，并在所提供的复印件上签章。

⑦劳动者依法享受国家规定的职业病待遇。职业病病人的诊疗、康

复费用，伤残以及丧失劳动能力的职业病病人的社会保障，按照国家有关工伤保险的规定执行。职业病病人除依法享有工伤保险外，依照有关民事法律，尚有获得赔偿的权利的，有权向用人单位提出赔偿要求。

2）劳动者在职业病防治方面应履行的义务：学习和掌握相关的职业卫生知识，增强职业病防范意识，遵守职业病防治法律法规、规章和操作规程，正确使用、维护职业病防护设备和个人使用的职业病防护用品，发现职业病危害事故隐患应当及时报告。

（2）用人单位职业病防治层面

用人单位在职业病防治中承担主体责任。用人单位的主要负责人对本单位的职业病防治工作全面负责；用人单位必须依法参加工伤保险，确保劳动者依法享受工伤保险待遇；用人单位应当为劳动者创造符合国家职业卫生标准和卫生要求的工作环境和条件，并采取措施保障劳动者获得职业卫生保护；用人单位应当建立健全职业病防治责任制，加强对职业病防治的管理，提高职业病防治水平，对本单位产生的职业病危害承担责任。用人单位不得安排未经上岗前职业健康检查的劳动者从事接触职业病危害的作业；不得安排有职业禁忌的劳动者从事其所禁忌的作业；对在职业健康检查中发现有与所从事的职业相关的健康损害的劳动者，应当调离原工作岗位，并妥善安置；对未进行离岗前职业健康检查的劳动者，不得解除或者终止与其订立的劳动合同。

28. 常见职业病危害因素防治

职业病危害因素直接威胁劳动者的生命安全和身体健康，长期暴露甚至可能导致不可逆转的职业病。采取有效的防治措施，可以降低劳动者接触职业病危害因素的风险，减少职业病的发生，从而保障劳动者的健康权益，提高工作效率和生活质量。

（1）粉尘危害防治措施

综合防尘措施可概括为八个字，即"革、水、密、风、护、管、教、查"。

1)"革"是指改革工艺、革新设备，如采用机械化、自动化、隔室监控等，避免接触粉尘。

2)"水"是指湿式作业，如采用湿式碾磨、湿式凿岩、喷雾洒水等，防止粉尘飞扬，降低粉尘浓度。

3)"密"是指密闭尘源，如采用密闭管道输送、在密闭设备中加工等，防止粉尘外逸。

4)"风"是指通风除尘，如采用全面机械通风或局部机械通风，安装通风除尘器等。

5)"护"是指个体防护，如佩戴防尘口罩或防尘面具等。

6)"管"是指建立健全用人单位防尘降尘制度（如粉尘危害防治责任制、工作场所职业病危害因素检测评价制度等）并认真落实。

7)"教"是指加强防尘工作的宣传教育，普及防尘知识，使接尘者对粉尘危害有充分的了解和认识。

8)"查"是指职业健康检查，包括上岗前、在岗期间、离岗时职业健康检查，目的是尽早发现职业禁忌证和职业病，早发现早治疗。

（2）生产性毒物危害防治措施

1)消除毒物。从生产工艺流程中消除有毒物质，如用无毒物质或低毒物质代替有毒物质，改革能产生毒物的工艺过程，改造技术设备，实现生产的密闭化、连续化、机械化和自动化。

2)密闭、隔离毒物，控制毒物逸散。

3)加强对毒物的监测，控制毒物的浓度，使其低于有关国家标准规定的最高容许浓度。

4)加强对毒物危害及其防治措施的宣传教育。

5)加强个体防护。使用防护服、防毒面具等劳动防护用品。

6)提高机体免疫力。因地制宜地开展体育锻炼，注意休息，加强营养，做好季节性多发病的预防。

7)接触毒物的作业人员要定期进行职业健康检查，必要时实行转岗、换岗作业。

（3）作业场所物理因素危害防治措施

1)生产性噪声危害的控制措施如下：

①消声和隔声。采取技术措施控制噪声的产生和传播，如设置隔

声墙、隔声罩、隔声地板等。

②加强个体防护。例如，正确使用防噪声耳塞、耳罩；改善劳动作业安排，工作时间穿插休息时间，休息时间离开噪声环境，限制噪声作业的工作时间等。

③做好职业健康检查。接触噪声的人员应定期进行职业健康检查，以听力检查为重点，对已出现听力下降者应加以治疗和加强观察，严重者应调离噪声作业岗位。有明显的听觉器官疾病、心血管疾病、神经系统器质性疾病者，不得从事接触强烈噪声的作业。

2) 生产性振动危害的控制措施。预防振动的危害应从工艺改革入手：

①在可能的条件下，以液压、焊接等新工艺代替铆接；

②改进风动工具，设计自动或半自动式操纵装置，减少手及肢体直接接触振动体；

③工具把手设缓冲装置等。

接触振动的作业人员应戴双层衬垫无指手套或衬垫泡沫塑料的无指手套，以减振保暖；建立合理的劳动制度，按接触振动的强度和频率，明确工间休息及定期轮换制度，并对日接触振动的时间给予一定限制。

此外，上岗前和在岗期间应定期进行职业健康检查，以便能及时发现受振动损伤的作业人员。

3) 辐射危害的控制措施如下：

①非电离辐射。高频电磁场的主要防护措施有场源屏蔽、距离防护和合理布局等。微波辐射的防护措施是直接减少辐射源、屏蔽辐射

源、采取个人防护及执行安全规则。对红外线辐射的防护,重点是对眼睛的保护,减少红外线暴露和降低炼钢作业人员等的热负荷,生产操作中应戴有效过滤红外线的防护镜。紫外线辐射的防护措施是屏蔽辐射源,增大与辐射源的距离,佩戴专用的劳动防护用品。对激光的防护应从激光器、工作室及个体防护三方面入手。应在激光器光束可能泄漏处设置防光封闭罩;工作室围护结构应使用吸光材料,色调要暗,不能裸眼看光;使用适当的劳动防护用品等。

②电离辐射。电离辐射外照射的防护手段包括时间防护、距离防护、屏蔽防护。电离辐射内照射的防护手段包括机械通风、空气净化、放射源隔离、做好防尘工作、加强个体防护。

4)异常气象条件的防护措施如下:

①高温作业防护。合理设计工艺流程,改进生产设备和操作方法,这是改善高温作业条件的根本措施。

②隔热。隔热是防止热辐射的重要措施,可利用水来进行。

③通风降温。通风降温方式有自然通风和机械通风两种。

④保健措施。为劳动者提供饮料和补充营养，暑季供应含盐的清凉饮料等。

⑤个体防护。在高温作业环境下穿耐热工作服等；在低温作业环境下要注意防寒保暖，加强劳动防护用品的使用。

⑥异常气压的预防。可通过采取一些措施预防异常气压：技术革新，如采用管柱钻孔法代替沉箱，避免水下高压作业；遵守安全操作规程；采取保健措施，如高热量、高蛋白饮食等。

（4）作业场所生物因素危害防治措施

1）严格执行生物因素有关卫生标准。我国现行标准《工作场所有害因素职业接触限值　第1部分：化学有害因素》（GBZ 2.1—2019）对工作场所空气中生物因素容许浓度作出了规定，详细数据可查阅该标准。

2）炭疽和布鲁氏菌病的预防措施。传染病的预防，主要在于消灭传染源、控制传染途径、增强个体抵抗力。炭疽和布鲁氏菌病的预防措施类似。

①对疫源的处理。隔离病畜，禁止屠宰病畜作为肉食或加工之用，将病死动物尸体彻底焚烧或撒上生石灰埋入地下至少2 m深处；对被污染的畜舍或土壤进行消毒处理，铲除表土并深埋于地下；在疫情流行地区为活畜接种疫苗；疫情流行地区的皮毛、皮革禁止外运。

②作业场所预防措施。厂房布局、设施应符合防疫的健康要求；生产性粉尘多的作业场所应设通风除尘设备；操作现场、搬运和初始接触皮毛的场地及工具每天应消毒两次；加强个人防护，加强防护服、口罩、防护眼镜、帽子、手套、鞋等的更换和消毒；不得在作业场所饮水，作业后应洗手、消毒、淋浴。

3）森林脑炎的预防措施如下：

①保持作业场所整齐，铲除杂草；

②外出作业穿防护服及高筒靴、防虫帽，衣帽可用药剂浸泡，裸露皮肤可涂擦驱虫剂，返回后要做好检查。

4）保护易感者，对高危人群接种疫苗。

（5）其他危害因素防治措施

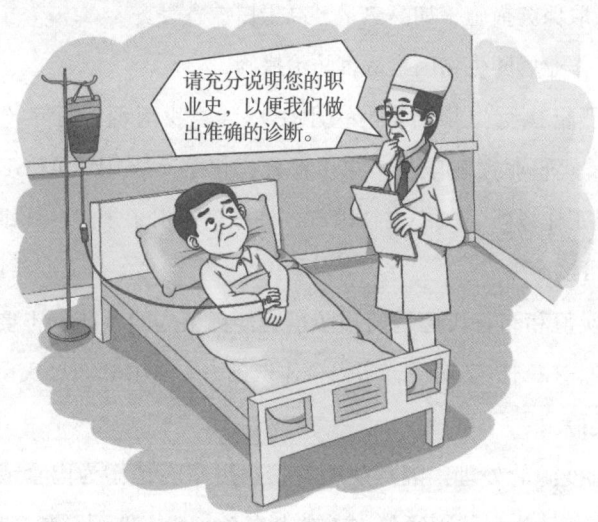

1）金属烟热相关疾病预防。在冶炼、铸造作业时应尽量采用密闭化生产设备，加强通风，确保作业场所金属烟尘浓度符合相关标准要求。在通风不良的场所进行焊接、切割时，应加强通风，作业人员应佩戴满足防护要求的呼吸器官防护用品，并定期开展职业健康监护。

2）不良井下作业条件相关疾病预防。

①优化作业姿势（如设置可调节支架替代跪姿操作），使用减振工具及关节防护护具等。

②穿戴防振鞋、防压膝垫。

③定期轮岗，减少持续性关节负荷，作业后冰敷受压关节（每次不超过 15 min）。

④出现关节红肿热痛时立即停工，并及时就医，禁止强行活动患处。

3）刮研作业相关疾病预防。在刮研作业时应尽量避免长时间保持一个姿势，每工作一段时间应活动一下身体。

29. 职业健康监护

（1）职业健康监护的概念

职业健康监护是指以预防为目的，对接触职业病危害因素人员的健康状况进行系统的检查和分析，从而发现早期健康损害的重要措施。

（2）职业健康监护的内容

用人单位对不同阶段的劳动者进行的职业健康检查不尽相同，但均围绕着保护劳动者健康权益和维护用人单位合法利益两个方面来进行。

1）上岗前的职业健康检查。其目的在于检查劳动者的健康状况，发现职业禁忌证，进行合理的劳动分工。根据劳动者拟从事的工种和工作岗位，分析该工种和岗位存在的职业病危害因素及其对人体的健康影响，确定特定的健康检查项目，并根据检查结果，评价劳动者是否适合从事该工种的作业。

2）在岗期间的职业健康检查。其目的在于及时发现劳动者的健康损害。在岗期间的职业健康检查要定期进行，根据检查结果，评价劳动者的健康变化是否与职业病危害因素有关,判断劳动者是否适合继续从事该工种的作业。通过对劳动者进行在岗期间的职业健康检查,可以早期发现健康损害,及时治疗,减轻职业病危害后果和劳动者的痛苦。

3)离岗时的职业健康检查。其目的是了解劳动者离开工作岗位时的健康状况,以分清健康损害的责任。离岗时的职业健康检查主要评价劳动者在离开工作岗位时的健康变化是否与职业病危害因素有关,其健康检查的结论是职业健康损害的医学证据,有助于明确健康损害责任,保障劳动者健康权益。

(3)用人单位在职业健康监护方面的主要职责

1)用人单位是职业健康监护工作的责任主体,其主要负责人对本单位职业健康监护工作全面负责。

2)用人单位应当组织劳动者进行职业健康检查,并承担职业健康检查费用。劳动者接受职业健康检查应当视同正常出勤。

3)用人单位应当选择由省级以上人民政府卫生健康行政部门批准的医疗卫生机构承担职业健康检查工作,并确保参加职业健康检查的劳动者身份的真实性。

4)用人单位在委托职业健康检查机构对从事接触职业病危害作业的劳动者进行职业健康检查时,应当如实提供下列文件、资料:

①用人单位的基本情况;

②工作场所职业病危害因素种类及其接触人员名册;

③职业病危害因素定期检测、评价结果。

5)出现下列情况之一的,用人单位应当立即组织有关劳动者进行应急职业健康检查:

①接触职业病危害因素的劳动者在作业过程中出现与所接触职业病危害因素相关的不适症状的；

②劳动者受到急性职业中毒危害或者出现职业中毒症状的。

6）职业健康监护中出现新发生职业病（职业中毒）或者两例以上疑似职业病（职业中毒）的，用人单位应当及时向所在地应急管理部门报告。

7）用人单位应当为劳动者个人建立职业健康监护档案，并按照有关规定妥善保存。职业健康监护档案包括下列内容：

①劳动者的姓名、性别、年龄、籍贯、婚姻状况、文化程度、嗜好等情况；

②劳动者的职业史、既往病史和职业病危害因素接触史；

③历次职业健康检查结果及处理情况；

④职业病诊疗资料；

⑤需要存入职业健康监护档案的其他有关资料。

30. 劳动防护用品配备与使用

劳动防护用品是指在劳动生产过程中使劳动者免遭或减轻事故伤害和职业病危害的个体防护装备，直接对人体起到保护作用。

劳动防护用品的配备与使用是预防事故伤害和职业病的重要措施。通过合理配置与使用劳动防护用品，用人单位不仅可以保障劳动者的健康，有效减少劳动者接触职业病危害因素，如粉尘、化学物质、噪声、辐射等，预防职业病的发生；也可以有效减少工伤事故的发生，降低作业场所发生意外伤害的风险，如跌倒、撞击、切割等。

（1）劳动防护用品的配备原则

1）作业场所中存在职业病危害因素和危害风险时，用人单位应为劳动者配备符合国家标准或行业标准的劳动防护用品。

2）用人单位为劳动者配备的劳动防护用品应与作业场所的环境状况、作业状况、存在的危害因素及其危害程度相适应，应适合劳动者个人，且劳动防护用品本身不应导致其他额外的风险。

3）用人单位配备劳动防护用品时，应在保证有效防护的基础上，兼顾舒适性。

4）需要同时配备多种劳动防护用品时，应考虑使用的兼容性和功能替代性，确保防护有效。

5）用人单位应对其使用的劳务派遣工、临时聘用人员、接纳的实习生和允许进入作业地点的其他外来人员进行劳动防护用品的配备及管理。

（2）劳动防护用品的使用

1）劳动者应根据作业场所的具体危害类型选择合适的劳动防护用品，达到有效预防事故伤害及职业病的目的。

2）劳动者应正确佩戴劳动防护用品，确保所有扣子、带子和密封条都正确固定。

3）用人单位应定期检查劳动防护用品，防止磨损、老化等情况发生；劳动者佩戴前也应仔细检查，及时更换损坏的劳动防护用品。

4）劳动防护用品不得替代其他安全措施，不得以货币或者其他物品替代。

第 3 章 职业病预防

第4章 工伤事故应急处置

31. 工伤事故伤害和职业病就医原则

职工因工作遭受事故伤害或患职业病进行治疗，享受工伤医疗待遇，工伤医疗办理流程如图 4-1 所示。职工治疗工伤应当在签订服务协议的医疗机构就医，情况紧急时可以先到就近的医疗机构急救。

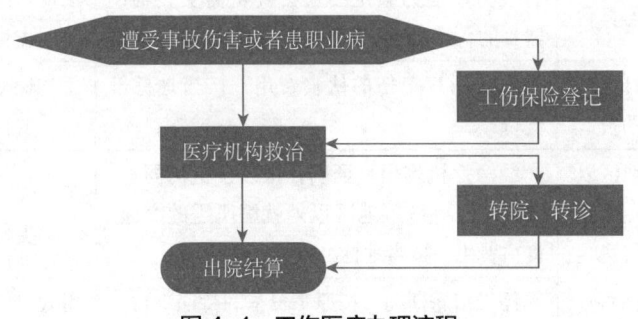

图 4-1　工伤医疗办理流程

治疗工伤所需费用符合工伤保险诊疗项目目录、工伤保险药品目录、工伤保险住院服务标准的，从工伤保险基金支付。职工住院治疗工伤的伙食补助费，以及经医疗机构出具证明，报经办机构同意，工伤职工到统筹地区以外就医所需的交通、食宿费用从工伤保险基金支付，基金支付的具体标准由统筹地区人民政府规定。如果工伤职工治疗非工伤引发的疾病，不享受工伤医疗待遇，按照基本医疗保险办法处理。工伤职工到签订服务协议的医疗机构进行工伤康复的费用，符合规定的，从工伤保险基金支付。社会保险行政部门作出认定为工伤的决定后发生行政复议、行政诉讼的，在行政复议和行政诉讼期间不停止支付工伤职工治疗工伤的医疗费用。工伤医疗期间的待遇见表4-1。

表4-1　工伤医疗期间的待遇

项目	计发基数及标准	支付方式
医疗费	签订服务协议的医疗机构内，在规定范围内的医疗费用	工伤保险基金支付
康复费	签订服务协议的医疗机构内，在规定范围内的康复费用	工伤保险基金支付
辅助器具费	经劳动能力鉴定委员会确认需安装辅助器具，符合支付标准的辅助器具配置费用	工伤保险基金支付
住院伙食补助费	职工治疗工伤的伙食费用，按当地标准支付	工伤保险基金支付
统筹地区以外就医交通、食宿费	经医疗机构出具证明，报经办机构同意，工伤职工到统筹地区以外就医所需的交通、食宿费用，按当地标准支付	工伤保险基金支付
工资福利	停工留薪期间，按原工资福利待遇支付	用人单位支付

续表

项目	计发基数及标准	支付方式
护理费	生活不能自理的工伤职工在停工留薪期间需要护理的费用	用人单位支付

32. 事故现场的紧急处理原则

（1）发生事故后，不要惊慌失措，要保持镇静，并设法维持好现场的秩序。

（2）在周围环境不危及生命的条件下，一般不要随便搬动伤员。

（3）暂不要给伤员喝任何饮料和进食。

（4）当发生意外而现场无人时，应向周围大声呼救，请求来人帮助或设法联系有关部门，不要单独留下伤员而无人照管。

（5）遇到严重事故、灾害或中毒时，除紧急呼救外，还应立即向当地人民政府应急管理、卫生健康、公安等有关部门报告。报告时应说明现场位置、伤员人数及伤情、做过什么处理等。

（6）伤员较多时，根据伤情对伤员分类抢救，抢救的原则是先重后轻、先急后缓、先近后远。

（7）对呼吸困难、窒息和心搏停止的伤员，立即将伤员头部置于后仰位，托起下颏，使呼吸道畅通，同时施行人工呼吸、胸外心脏按压等心肺复苏操作，原地抢救。

（8）对伤情稳定、估计转运途中不会加重伤情的伤员，迅速组织人力，利用各种交通工具分别转运到附近的医疗机构急救。

（9）现场抢救的一切行动必须服从统一指挥，不可各自为政。

Tips 相关链接

现场紧急处理之前，必须了解伤员的主要伤情，特别是不能忽略重要的体征，所以现场急救的检查要抓住重点。

(1) 心搏

心搏是生命的基本体征。正常成人静息时的心率为60~100次/min。严重创伤、大出血等伤员若出现脉搏细弱且心率超过100次/min，常提示早期休克。当伤员心搏骤停且无法恢复时，表明伤员已死亡。

(2) 呼吸

呼吸也是生命的基本体征。正常成人在静息状态下的呼吸频率为12~20次/min。危重伤员的呼吸可呈现不同特征，如早期可能出现代偿性呼吸增快、呼吸浅快，最终呼吸频率逐渐减慢直至完全停止。观察危重伤员呼吸时，若伤员呼吸微弱而无法观察胸廓起伏情况，可以将小片棉花或小薄纸条等放在伤员鼻孔旁，通过检测气流运动判断是否存在自主呼吸。

(3) 瞳孔

正常人在自然光线下双侧瞳孔等大等圆，对光反应灵敏（光线刺激后瞳孔在 1 s 内迅速收缩）。部分危重伤员可能出现瞳孔不等大、单侧瞳孔散大、双侧瞳孔针尖样缩小；用手电筒光源突然照射瞳孔时，瞳孔不收缩或收缩迟钝。

33. 心肺复苏操作步骤与注意事项

现场心肺复苏可以建立临时的人工呼吸和血液循环，保证重要脏器的血液供应，维持生命，为医务人员的进一步救治争取时间。成年人现场心肺复苏的主要步骤如下：

(1) 判断意识

当伤员倒地不省人事时，救护人员要保持镇静，检查伤员有无反应，具体方法：轻拍伤员肩部，并在其耳旁大声呼唤。如果伤员没有反应，要立即检查其有无呼吸。

(2) 检查伤员有无呼吸

正常人呼吸时胸部和腹部有起伏，如果发现伤员胸部及腹部没有起伏，听不到伤员呼吸的声音，感觉不到呼出的气流，即可判断伤员已经没有呼吸。

(3) 立即呼救

如果伤员没有意识、没有呼吸（或叹息样呼吸），应立即呼叫救护车，并对伤员实施心肺复苏。

（4）胸外心脏按压

心脏位于胸腔中间偏左，在胸骨的后面。胸外心脏按压可以改变胸腔内压力和容积，将心脏内的血液输送到全身组织器官，从而维持生命的最低需求。胸外心脏按压方法如下：

1）伤员体位：仰卧于地面或硬板上。

2）按压部位：胸部两乳头连线中点。

3）按压手法：双手手掌重叠，十指相扣，双臂伸直，用上半身的力量垂直向下按压。按压后完全放松，放松时手掌不离开伤员的胸壁。

4）按压深度：成年人至少 5 cm。

5）按压频率：100~120 次 /min。

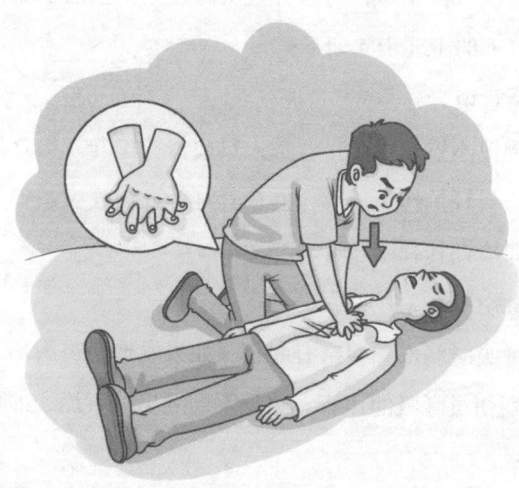

（5）人工呼吸

最常用的人工呼吸方法是救护人员向伤员口对口吹气。如果不能口对口吹气,也可口对鼻吹气。人工呼吸可以维持伤员对氧气的最低需求量。

1)开放气道:人在意识丧失后,舌易后坠而导致气道阻塞。一般采用仰头举颏法开放伤员气道。

2)气道开放后,立即对伤员实施人工呼吸。连续吹气2次,每次吹气时应看到伤员的胸部有明显起伏。

3)胸外心脏按压和吹气的比例为30:2,即按压30次后吹气2次。

4)持续5组30:2的按压和吹气(约2 min)后,再次检查伤员的反应和呼吸。如果伤员仍无反应和呼吸,应重复以上步骤,直到医务人员到来或伤员恢复意识和呼吸。

(6)复原体位

对于没有意识,但有呼吸(包括经心肺复苏恢复呼吸)、心搏,且不怀疑有脊柱损伤的伤员,应将其置于复原体位。

(7)注意事项

1)心肺复苏方法与自动体外除颤器(AED)同时使用时,复苏效果会更好。

2)救护人员应接受过心肺复苏培训,才可以进行现场心肺复苏抢救。

3)胸外心脏按压的按压频率太快或太慢效果都不好。

4)胸外心脏按压时定位必须准确,不可用力过大过猛,以免挤出胃中的食物而堵塞气管影响呼吸,或造成肋骨折断、内脏损伤等。也不能用力过小,否则起不到按压的作用。

34. 止血与包扎

（1）止血法的种类及基本要领

1）指压止血法。头、颈、四肢动脉出血时，可用指压止血法临时止血。用手指用力压迫伤口附近靠近心脏一端的动脉跳动处，并把血管压迫在骨头上，即可临时止血。

2）止血带止血法。用止血带（一般用橡胶管、橡胶带）绕肢体绑扎打结固定。上肢受伤可扎在上臂上部 1/3 处，下肢受伤可扎于大腿中部。若现场没有止血带，也可以用纱布、毛巾、布带等环绕肢体打结，在结内穿一根短棍，转动此棍使止血带绞紧，直到不流血为止。在绑扎和绞止血带时，不要过紧或过松。过紧会造成皮肤或神经损伤，过松则起不到止血的作用。

3）加压包扎止血法。该方法适用于小血管和毛细血管的止血。先将消毒纱布或干净毛巾敷在伤口处，再垫上棉花，最后用绷带紧紧包扎。若伤肢有骨折，还要用夹板固定。

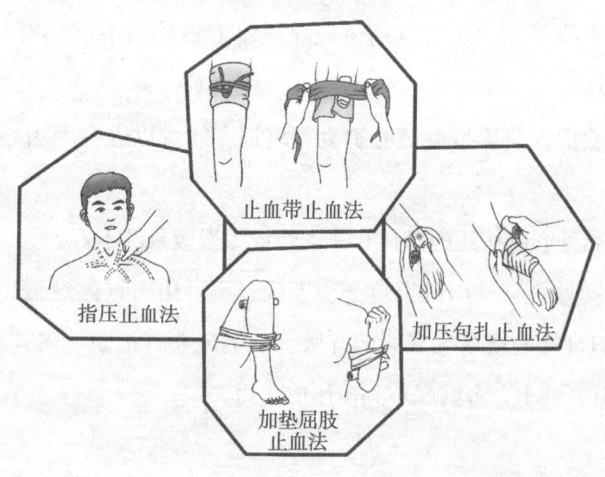

4）加垫屈肢止血法。该法多用于小臂和小腿的止血，它利用肘关节或膝关节的弯曲功能压迫血管，以达到止血的目的。具体方法是在肘窝或腘窝内放入棉垫或布垫，然后使关节弯曲到最大限度，再用绷带把前臂与上臂（或小腿与大腿）固定。

（2）包扎法的种类及基本要领

1）头顶包扎法。外伤在头顶部时可用此方法。把三角巾底边折叠两指宽，底边中央放在前额，顶角拉向后脑，两底角拉紧，经两耳上方绕到头的后枕部，压着顶角，再交叉返回前额打结。如果没有三角巾，也可改用毛巾。先将毛巾横盖在头顶上，前两角反折后拉到后脑部打结，后两角各系一根布带，左右交叉后绕到前额打结。

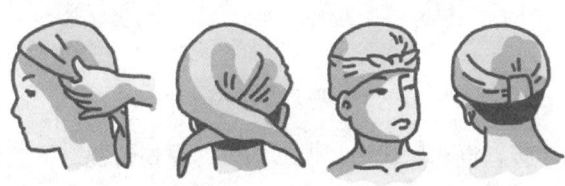

头顶包扎法

2）单眼包扎法。如果眼部受伤，可将三角巾折成四指宽的带形，斜盖在受伤的眼睛上。三角巾长度的1/3向上、2/3向下。下部的一端从耳下绕到后脑部，再从另一只耳上绕到前额，压住眼上部的一端，然后将上部的一端向外翻转，向脑后拉紧，与另一端打结。

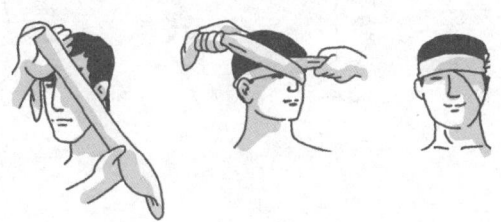

单眼包扎法

3）三角形上肢包扎法。如果上肢受伤，可把三角巾的一底角打结后套在受伤的那只手臂的手指上，把另一底角拉到对侧肩上，用顶角缠绕伤臂，并用顶角上的小布带包扎。然后将受伤的前臂弯曲到胸前，呈近直角形。最后把两底角打结。

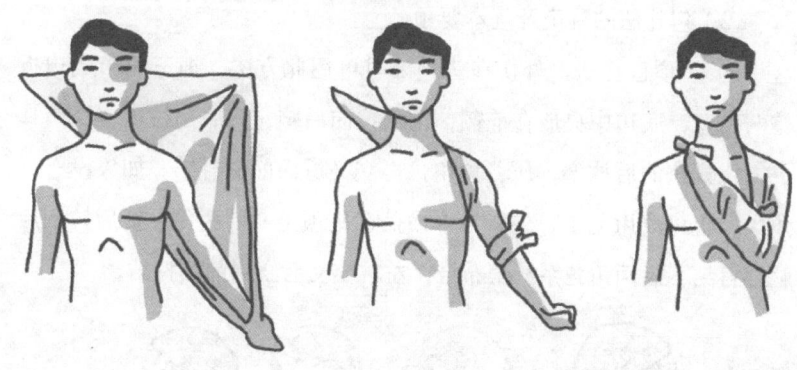

三角形上肢包扎法

4）膝（肘）带式包扎法。根据伤肢的受伤情况，把三角巾折成适当宽度，呈带状，然后把它的中段斜放在膝（肘）的伤处，两端拉向膝（肘）后交叉，再缠绕到膝（肘）前外侧打结固定。

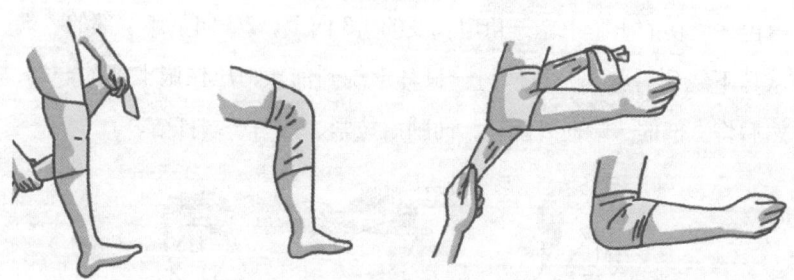

膝（肘）带式包扎法

35. 骨折现场紧急处置

（1）要注意伤口和全身状况。如果伤口出血，应先止血，再包扎固定；如果伤员休克或呼吸、心搏骤停，应立即进行抢救。

（2）在处理开放性骨折时，局部要做清洁消毒处理，用纱布将伤口包好。严禁把暴露在伤口外的骨折断端推送回伤口内，以免造成伤口污染和再度刺伤血管与神经。

（3）对于大腿、小腿、脊柱骨折的伤员，一般应就地固定，不要随便移动伤员，不要盲目复位，以免加重损伤程度。如果上肢受伤，可将伤肢固定于躯干；如果下肢受伤，可将伤肢固定于另一健肢。

（4）骨折固定所用的夹板长度与宽度要与骨折肢体相称，其长度一般以超过骨折处上下两个关节为宜。

（5）固定用的夹板不应直接接触皮肤。在固定时可将纱布、三角巾、毛巾、衣物等软材料垫在夹板和肢体之间，特别是夹板两端、关节骨头突起部位和间隙部位，可适当加厚垫，以免引起皮肤磨损或局部组织压迫坏死。

（6）固定、捆绑的松紧度要适宜，过松达不到固定的目的，过紧则影响血液循环，导致肢体坏死。固定四肢时，要将指（趾）端露出，以便随时观察肢体血液循环情况。如果出现指（趾）端苍白、发冷、麻木、疼痛、肿胀、甲床青紫等症状，说明固定、捆绑过紧，血液循环不畅，应立即松开，重新包扎固定。

（7）对四肢骨折固定时，应先捆绑骨折端处的上端，后捆绑骨折端处的下端。如捆绑次序颠倒，则会导致再度错位。上肢固定时，肢体要屈着绑（屈肘状）；下肢固定时，肢体要伸直绑。

36. 伤员搬运要领

（1）如果伤员伤势不重，可采用以下方法转移：

1）单人扶着行走。左手拉着伤员的手，右手扶住伤员的腰部，慢慢行走。此法适用于伤势不重、神志清醒的伤员。

2）抱持法。伤员不能行走，但上肢还有力量时，可让伤员钩住救护人员的颈部，救护人员一手托肩一手托腿部（膝部后方）将其抱起。此法禁用于脊柱骨折的伤员。

3）背驮法。先将伤员支起，然后背着走。

4）双人平抱法。两位救护人员站在同侧，抱起伤员走。

（2）针对不同伤情，应采用不同的搬运法。

1）脊柱骨折伤员的搬运。对于脊柱骨折的伤员，一般用木板做的硬担架抬运。应由2~4人搬运，使伤员成一线起落。搬运人员应步调一致，切忌一人抬胸、一人抬腿。将伤员放到担架上以后，应使其平卧，在腰部垫软垫，然后用3~4根皮带将伤员固定在担架上，以免伤员在搬运中滚动或跌落，造成脊柱移位或扭转，刺激血管和神经。无担架、木板，须众人用手搬运时，救护人员中必须有一人双手托住伤员腰部。切不可单独一人用拉、拽的方法移动伤员，否则易损伤伤员的脊柱神经，造成严重后果。

对于颈椎骨折伤员的搬运，应由一人稳定头部，其他人以协调力量将其平直抬到担架上，头部两侧用衣物、软枕加以固定，防止头部来回摆动。

2）颅脑伤昏迷伤员的搬运。应由2人以上搬运，重点保护头部。将伤员放到担架上，采取半卧位，头部侧向一边，以免呕吐物阻塞气道而窒息。如果有暴露的脑组织，应加以保护。搬运前，伤员头部应垫以软枕，膝部、肘部应用衣物垫好，头颈部两侧垫衣物固定，防止头部来回摆动。

3）腹部损伤伤员的搬运。严重腹部损伤者，多有腹腔脏器从伤口脱出的情况，可采用布带、绷带做一个略大的环圈盖住加以保护，然后固定。搬运时使伤员采取仰卧位，并使下肢屈曲，防止腹压增加使腹腔脏器继续脱出。

37.触电事故应急处置

（1）脱离电源

发现有人触电后，应立即关闭开关，切断电源。同时，用木棒、皮带、橡胶制品等绝缘物品挑开触电者身上的带电物体。立即拨打报警电话求助。应防止触电者脱离电源后可能的摔伤，特别是当触电者在高处时，应考虑采取防摔措施。

（2）松解衣物并清理口腔

解开妨碍触电者呼吸的紧身衣服，检查触电者的口腔，清理口腔黏液，如有假牙，则应取下。

（3）立即就地抢救

当触电者脱离电源后，应根据触电者的具体情况，迅速对症救护。现场应用的主要救护方法是人工呼吸和胸外心脏按压。应当注意，急救要尽快进行，不能消极等待医务人员的到来。在送往医院的途中，也不能中止急救。

（4）就医

如有电烧伤的伤口，应包扎后到医院就诊。

38. 车辆伤害事故应急处置

（1）现场应急的顺序为紧急呼救—保护现场—转运伤员。

（2）切勿立即移动伤员，除非有威胁其生命的情况（如汽车着火、有爆炸可能等)。

(3)将失事车辆引擎关闭,拉紧驻车制动或用石头固定车轮,防止车辆移动。

(4)呼救的同时,救护人员应查看伤员的伤情。对脊柱损伤伤员,不能拖、拽、抱,应使用颈托固定颈部或使用脊柱固定板,避免脊柱受损或损伤加重。

(5)实行先救命、后治伤的原则,若伤员呼吸、心搏停止,则进行心肺复苏抢救。

(6)对意识清醒的伤员,可询问其伤在何处(疼痛、出血、何处活动受限),并立刻检查受伤部位,进行对症处理。疑有骨折时,应尽量简单固定后再搬运。

(7)事故发生后应尽可能对现场进行保护,以便给事故责任划分提供可靠证据,并采用最快的方式向交通管理部门报告。

(8)如果交通事故涉及危险化学品,应首先了解危险化学品的种类、名称和危险特性,有针对性地实施应急行动。救护人员应佩戴劳动防护用品,站在上风侧进行现场救护。

39. 溺水事故应急处置

溺水是常见的意外伤害之一,可能导致呼吸道阻塞、缺氧甚至心搏骤停。在溺水救援中,必须快速、科学地采取应急处置措施,最大限度地挽救生命。

(1)发现溺水者时,应立即评估现场环境,确保自身安全后再实施救援。救援过程中应避免贸然下水,优先利用救生圈、竹竿、绳索等工具将溺水者拉回岸边。如果必须下水营救，应从溺水者身后靠近并控制其身体，托住溺水者头部使其面部朝上。

（2）将溺水者救上岸后，应迅速评估其意识和呼吸情况。若溺水者仍有呼吸且意识清醒，应尽快将其安置在安全区域并采取保暖措施；可让其侧卧，避免呛咳或窒息。若溺水者无意识但仍有呼吸，应将其置于侧卧位，保持气道通畅，并拨打急救电话（120），等待医务人员到场。若溺水者已无呼吸，应立即开展心肺复苏，直至溺水者恢复呼吸或医务人员到场。

（3）在救援过程中，需注意采取保暖措施。同时，应警惕可能存在的脊柱损伤，特别是从高处跌入水中的溺水者，搬运时要尽量保持脊柱轴向稳定。即使溺水者恢复意识，仍需送医进一步检查，以排除吸入性肺炎和潜在的并发症。

溺水事故的应急处置应争分夺秒，快速救援、科学施救是提高存活率的关键。

40. 中毒窒息事故应急处置

（1）中毒窒息救护过程

1）通风。加强全面通风或局部通风，用大量新鲜空气稀释危险区域的有毒有害气体，待有毒有害气体浓度降到容许浓度时，方可进入现场抢救。

2）做好防护工作。救护人员在进入危险区域前必须戴好防毒面具、自救器等劳动防护用品，必要时也应给中毒者戴上。迅速将中毒者转移到安全、通风的地方；如果中毒者昏迷，可将其放在毛毯上提拉转移。

3）如果是一氧化碳中毒，且中毒者还没有停止呼吸，则应立即松开中毒者的领口、腰带，使中毒者能够顺畅地呼吸新鲜空气；若情况严重，可根据具体情况实施心肺复苏等急救措施。

4）如果毒物污染眼部和皮肤，应立即用水冲洗；对于口服毒物的中毒者，应立即就医；若误服腐蚀性毒物，可口服牛奶、蛋清、植物油等对消化道进行保护。

5）如果是瓦斯或二氧化碳窒息，当情况不太严重时，可把窒息者移到空气新鲜的场所稍作休息；若窒息时间较长，就要进行人工呼吸抢救。

6）对于硫化氢中毒者，在进行人工呼吸之前，要用浸透食盐溶液的棉花或手帕盖住中毒者的口鼻。

7）救护中，救护人员一定要沉着冷静，动作要迅速。对任何处于昏迷状态的中毒者，必须尽快将其送往医院进行急救。

（2）毒气泄漏事故避险与逃生

1）发生毒气泄漏事故时，现场人员不可惊慌，应按照应急预案的步骤，各司其职，井然有序地撤离。如果事故现场已有专人引导，逃生时要服从他们的指挥。

2）从泄漏现场逃生时，要抓紧宝贵的时间，任何贻误时机的行为都有可能带来灾难性的后果。

3）逃生时要根据泄漏物质的特性，佩戴相应的劳动防护用品。如果现场没有劳动防护用品或者劳动防护用品数量不足，也可应急使用湿毛巾或衣物捂住口鼻逃生。

4）沉着冷静地确定风向，然后根据泄漏源位置，向上风向或沿侧风向转移撤离，即逆风逃生；根据泄漏物质的相对密度，选择沿高处或低洼处逃生，但切忌在低洼处滞留。

5）逃离泄漏区后，应立即到医院检查，必要时进行排毒治疗。

6）毒气泄漏后，若没有穿戴防护服，绝不能进入事故现场救人。因为这样不但救不了别人，自己也会受到伤害。

41. 烧伤事故应急处置

（1）化学烧伤应急处置

1）生石灰烧伤。迅速清除生石灰颗粒，用大量流动的洁净冷水冲洗至少 10 min，尤其是眼内烧伤，更应彻底冲洗。切忌用水浸泡受伤部位，防止生石灰遇水产生大量热量而加重烧伤。

2）磷烧伤。迅速清除磷以后，用大量流动的洁净冷水冲洗至少 10 min；然后用 5% 的碳酸氢钠溶液或食用苏打水湿敷创面，使创面与空气隔绝，防止磷在空气中氧化燃烧而加重烧伤。

3）强酸烧伤。常见的强酸包括硫酸、盐酸、硝酸等。皮肤被强酸烧伤后应脱掉被污染的衣物，若衣物与皮肤粘连，不可强行撕扯，应用剪刀沿边缘剪开；立即用大量清水冲洗至少 15 min，直到冲净为止；若冲洗后仍有残留酸，可用4%的碳酸氢钠溶液或2%的食用苏打水冲洗中和。

4）强碱烧伤。强碱包括氢氧化钠、氢氧化钾等。皮肤被强碱烧伤后应脱掉被污染的衣物，若衣物与皮肤粘连，不可强行撕扯，应用剪刀沿边缘剪开；立即用大量清水彻底冲洗创面；若创面仍有碱性残留，可用稀醋酸等冲洗中和或湿敷。

> **Tips 相关链接**
>
> 若眼部被强酸烧伤，可采取简易的冲洗方法，即用洗眼器冲洗，或用手指撑开上下眼睑，把面部浸入清水中，轻轻摇动头部。冲洗时间不少于20 min。切忌用手或手帕揉擦眼睛，以免增加创伤。若眼部被强碱烧伤，应用清水冲洗20 min以上。严禁用酸性物质冲洗眼部。
>
>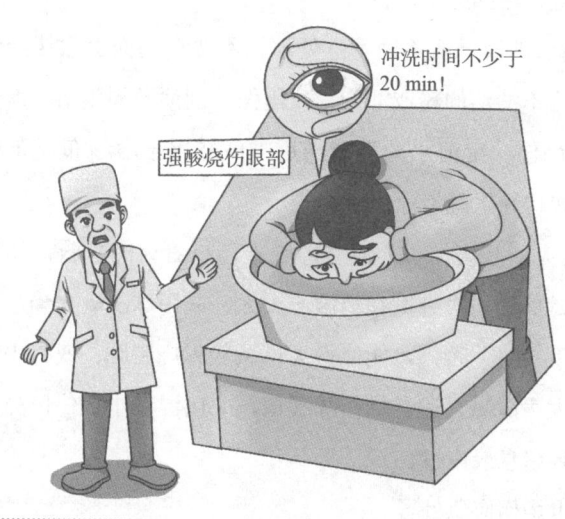

（2）热烧伤应急处置

火焰、开水、蒸汽、热液体或固体直接接触人体引起的烧伤，都属于热烧伤。热烧伤的救护方法如下：

1）对于轻度烧伤（尤其是不严重的肢体烧伤），应立即用清水冲洗或将患肢浸泡在冷水中 10~20 min；如不方便浸泡，可用湿毛巾或布单盖在患部，然后浇冷水，使伤口尽快冷却降温，减轻损伤。穿着衣服的部位如果烧伤严重，不要先脱衣服，否则易把烧伤处的水疱、皮肤一同撕脱，造成伤口创面暴露，增加感染机会。应立即朝衣服上面浇冷水，待衣服局部温度快速下降后，再轻轻脱去衣服或用剪刀剪开衣服。

2）若烧伤处已有水疱形成，对于小水疱，不要随便弄破；对于大水疱，应到医院处理或用消过毒的针刺小孔排出疱内液体，以免影响创面修复，增加感染机会。

3）烧伤创面一般不做特殊处理，不要在创面上涂抹任何有刺激性的液体或不清洁的粉或油剂，只需保持创面及周围清洁即可。对于较大面积烧伤，用清水冲洗清洁后，最好用干净纱布或布单覆盖创面，并尽快送往医院治疗。

4）火灾引起烧伤时，应立即脱去伤员着火的衣服，如果一时难以脱下来，可让伤员卧倒在地滚压灭火，或用水浇灭火焰。切勿带火奔跑或用手拍打，否则可能使得火借风势越烧越旺，或将手烧伤。不可在火场大声呼喊，避免烧伤呼吸道。应用湿毛巾捂住口鼻，以防吸入烟雾导致窒息或中毒。

（3）电烧伤应急处置

电烧伤是交流电引起的热电效应，造成人体皮肤、皮下组织及深层肌肉、血管、神经、骨关节及内脏等组织广泛的深层烧伤。电烧伤的救护方法如下：

1）确保安全并切断电源。优先关闭电源总开关，如果无法切断电源，可用干燥且不导电的物品（如木棍、塑料棒）将电源线与伤员隔离，避免触电事故。切勿直接用手接触伤员，以免发生二次触电。

2）检查生命体征并处理烧伤。确认伤员是否清醒并检查呼吸和心搏情况。如呼吸或心搏停止，立即进行心肺复苏。对于电烧伤创面，可用清水冲洗或用湿布冷敷 10~20 min 以降低温度，避免进一步损伤。不要撕扯与烧伤部位粘连的衣物，可用剪刀小心剪开处理，避免创面暴露或水疱破裂。

3）保持创面干净，不要涂抹任何刺激性液体、不洁粉剂或油膏，以免感染。用干净纱布或布单覆盖创面，尤其对于大面积烧伤，用清水冲洗后包裹保护，立即拨打急救电话并尽快送医处理。注意观察伤员有无休克症状，使伤员平躺并注意呼吸道畅通。

4）若因火灾导致电烧伤，应迅速扑灭伤员身上的火焰，可让伤员卧倒滚压灭火，或用水扑灭。切勿带火奔跑，以免助燃加重烧伤。同时用湿毛巾捂住口鼻，防止吸入烟雾引起窒息或呼吸道烧伤。

42. 眼部伤害事故应急处置

（1）轻度眼伤

如果眼中进入灰尘、小颗粒等异物，伤员应尽量避免揉眼，可轻轻眨眼促进泪液分泌，或者用清水冲洗眼部，将异物冲出。如果无法清除异物，可用干净湿纱布或湿棉签轻轻拨出异物；仍未取出时，应停止尝试并尽快就医。化学品溅入眼内时，应立即用清水或生理盐水从内眼角向外眼角持续冲洗至少 15 min，佩戴隐形眼镜的应尽快取下。冲洗后尽快就医，并携带化学品包装说明，以便医务人员对症治疗。

（2）重度眼伤

当眼内有尖锐物体等异物刺入时，切勿自行拔出。应让伤员平躺，头部尽量保持静止，用干净纱布覆盖伤眼，不可施加压力。如果眼球鼓出或有异物脱出，切勿试图将其推回，应轻轻覆盖伤眼，避免二次伤害。在眼部出血的情况下，应轻轻包扎以保护创面，保持头部稳定，尽快送医治疗。若机械冲击导致淤血或肿胀，可用冰袋包裹毛巾冷敷，但不可直接接触眼球，冷敷后应尽快就医。

（3）其他特殊情况

热液体或火焰烧伤时，用干净纱布覆盖眼部避免感染，并尽快就医；若紫外线或激光损伤眼部，应尽快闭眼休息并就医。眼部伤害可能伴随呼吸困难、恶心等全身症状，应一并关注。

（4）包扎与送医

包扎时应使用干净的纱布轻轻覆盖伤眼，不可压迫伤眼。若需要长途转运，为防止眼球运动加剧伤情，可用纱布覆盖另一只眼减少联动。所有眼外伤处理完毕后，应立即送往医院进行专业检查和治疗，情况严重者应拨打急救电话说明伤情。

43. 高处坠落事故应急处置

高处坠落包括由地面 2 m 以上（含 2 m）高度坠落和由地面向地坑、地井坠落。高处坠落造成的伤害主要是脊柱损伤、内脏损伤和骨折。为避免施救方法不当使伤情扩大，抢救时应注意以下几点：

（1）判断伤员是否清醒以及能否活动。如果伤员能够自主活动，应立即劝其停止移动，即使没有明显不适，也应让其平躺，用担架或车辆送往医院检查，防止潜在的内脏或脊柱损伤恶化。若伤员无法活动或已经昏迷，切勿随意搬动，更不能直接将其背起送医，以免造成脊柱错位导致永久性伤害。

（2）对于骨折或脊柱损伤的伤员，应优先进行固定。四肢骨折时，可用夹板或其他硬质材料固定，夹板应覆盖骨折部位上下关节，并用布条固定，但不宜过紧。若怀疑脊柱损伤，尽量保持伤员平躺不动，避免脊柱受力或扭曲。在搬运过程中，可用木板作为临时担架，搬运时多人协作，将手臂从伤员身下小心伸入，分别托住头、肩、腰、腿等部位，确保动作同步且缓慢，将伤员平稳移至木板上后固定，再送往医院。

（3）如果伤员坠落至地坑或地井，救援时应特别小心。应清理地坑内杂物，将伤员放置在平板上再抬出。若伤员坠落至狭窄的地井而无法平躺，可先固定伤员姿势，将其小心放入篮筐或吊具中，用吊装方式将其平稳救出。整个过程中应避免脊柱受力或晃动。

（4）完成初步急救后，应立即拨打急救电话（120），告知具体情况并等待专业医务人员到场。如果需要自行送医，应确保伤员平稳转运，避免剧烈颠簸，同时持续观察其呼吸、脉搏和意识状态。

发生高处坠落后，应高度重视脊柱保护，操作应轻柔稳妥，规范的处置不仅能减少伤害，还能为后续治疗争取时间。

第 4 章 工伤事故应急处置

44. 中暑应急处置

中暑是由急性热应激引起的体温调节机能障碍的急性中枢神经系统疾病，常由烈日暴晒或在高温环境下从事重体力劳动所致。

（1）中暑的原因

正常人体温在 37 ℃左右，是下丘脑体温调节中枢使产热与散热取得平衡的结果。当周围环境温度超过皮肤温度时，散热主要靠出汗，以及皮肤表面的蒸发。此外，血流循环通过将深部组织的热量输送到体表，借助扩张的皮肤血管实现散热。在此过程中，单位时间内流经皮肤的血流量越多，散热效率越高。如果产热大于散热或散热途径受阻，则会导致体内热量蓄积，引发体温调节障碍，严重时发展为中暑。

(2)中暑急救措施

1)立即将中暑者转移至阴凉、通风的地方,如室内或树荫下,确保中暑者远离高温、高湿和直接日晒的环境。在转移过程中,应解开中暑者的衣领、腰带等,以便更好地散热。使中暑者平躺,头部稍高,有助于保持呼吸通畅。

2)使用冷水、湿毛巾或冰袋等降低中暑者体温,特别是颈部、腋下、腹股沟等大血管分布的区域,这些区域的冷却效果更佳。在物理降温过程中,应避免使用过热或过冷的物品直接接触皮肤,以免造成烫伤或冻伤。应持续监测中暑者的体温变化,避免体温过低。

3)补充水分与电解质。让中暑者少量多次地饮用温水或含有电解质的饮料,如淡盐水、运动饮料等,以补充因大量出汗而丢失的水分和电解质。在补充水分时,应避免一次性补充过多,以免引起呕吐、腹痛等不适。对于意识不清或吞咽困难的中暑者,应避免强行喂水。

4）观察病情与及时就医。密切观察中暑者的意识状态、呼吸、脉搏等生命体征，以及有无其他中暑症状出现，特别注意中暑者有无意识模糊、呼吸困难、心跳加速等严重症状。对于轻度中暑者，经过上述急救措施后，症状通常会有所缓解；对于重度中暑者，应立即拨打急救电话，并在等待救援的过程中持续进行上述急救措施，还要向急救人员提供中暑者的详细信息和症状描述，以便他们做好相应的准备和救治工作。

45. 食物中毒应急处置

食物中毒作为一种常见的急性中毒性疾病，其发病急、症状重，严重时甚至可能危及生命。因此，了解食物中毒的急救措施至关重要。

（1）食物中毒的常见症状

1）中毒者可能出现恶心、呕吐、腹痛、腹泻等明显症状，严重时甚至导致脱水和电解质紊乱。

2）部分中毒者可能出现神经系统症状，如头晕、头痛、乏力甚至昏迷，这可能是毒素对神经系统直接损害的表现。

3）很多中毒者可能伴随出现全身症状如发热、寒战等。

（2）食物中毒急救措施

1）立即停止食用可疑食物。一旦出现食物中毒症状，中毒者应立刻停止摄入可疑食物，并妥善保存剩余食物作为调查证据。此举有助于迅速锁定中毒原因，为治疗提供依据，确保中毒者得到及时有效的救治。

2）安静休息。食物中毒后，中毒者应安静休息，避免剧烈运动，以减轻症状。同时，确保呼吸道畅通，避免呕吐物堵塞，这是确保中毒者安全的关键措施。

3）补充水分和电解质。轻度食物中毒者可通过口服补液盐等方式补充水分和电解质，防止脱水。对于重度脱水者，应及时就医治疗。

4）催吐。在医务人员指导下，对于摄入有毒食物不久且症状较轻的中毒者，可尝试催吐以排出胃内残留的有毒物质。但需要注意的是，催吐并非适用于所有食物中毒者，特别是对于呕吐严重、有意识障碍的中毒者或腐蚀性物质中毒者，催吐可能会加重病情。

5）药物治疗。根据中毒者病情，医务人员可以给予抗生素、解毒剂等药物治疗。